2020年全国水产养殖动物主要病原菌耐药性监测分析报告

全国水产技术推广总站　组编

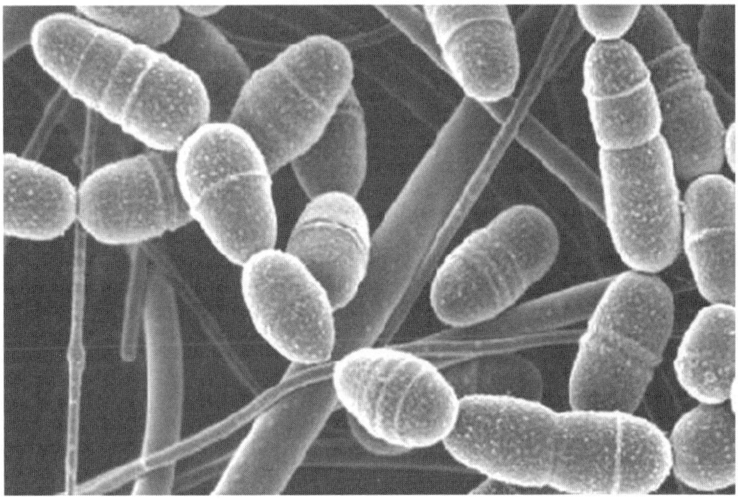

中国农业出版社
北　京

出 版 说 明

一、自 2019 年起，我国水产养殖动物主要病原菌耐药性监测分析相关成果作为正式出版物（本报告）出版。本报告内容和数据起讫日期：2020 年 1 月 1 日至 2020 年 12 月 31 日。

二、本报告发布的内容主要来自 13 个具有代表性的省份，以实际公布的省份为准。

三、读者对本报告若有建议和意见，请与全国水产技术推广总站联系。

本 书 编 委 会

主　　编　于秀娟　曾　昊

副 主 编　冯东岳　宋晨光

参编人员（按姓氏笔画排序）

丁雪燕　王　飞　王　禹　王　浩　王　澎
王小亮　王文慧　王巧煌　元丽花　方　苹
卢伶俐　冉　路　吕晓楠　朱　涛　朱凝瑜
刘肖汉　刘晓丽　许钦涵　李　阳　杨　蕾
杨凤香　杨雪冰　吴亚锋　张　文　张　志
张凤贤　张利平　张劲松　陈　艳　陈　颖
陈　静　陈雨露　范正利　林　楠　林华剑
尚胜男　易　弋　郑　珂　赵良炜　胡大胜
施金谷　袁东辉　倪　军　徐小雅　徐玉龙
徐赟霞　郭欣硕　唐　姝　唐治宇　梁　怡
梁倩蓉　梁静真　蒋红艳　韩书煜　韩进刚
韩育章　温周瑞　游　宇　潘秀莲

审核专家（按姓氏笔画排序）

邓玉婷　李爱华　沈锦玉　房文红　胡　鲲
姜　兰

FOREWORD | 前言

为有效抑制或杀灭水产养殖动物病原菌，实现科学、精准治疗水产养殖动物细菌性疾病的目的，自2015年起，在农业农村部渔业渔政管理局的指导下，全国水产技术推广总站（以下简称“总站”）组织我国重点水产养殖省份开展了水产养殖动物主要病原菌耐药性普查工作。经过多年监测，我们获取了大量水产养殖动物主要病原菌耐药性的基础数据，为水产养殖病害防控提供了技术支撑，也为促进水产养殖减量用药、科学用药，提升水产品质量安全水平，推动产业转型升级、绿色高质量发展做出了积极贡献。

2020年，总站继续组织北京、河北、河南等13个省、自治区、直辖市的水产技术推广站（水生动物疫病预防控制中心）对8种水产用抗菌药物开展了病原菌耐药性普查工作；制定了《水产养殖主要病原菌耐药性普查工作方案》《水产养殖主要病原菌耐药性普查技术操作规范》，内容涉及样品采集表、测试数据记录表、数据汇总表和分析报告模板等，以保证普查工作顺利完成。

本书的出版得到了各地水产技术推广机构、水生动物疫病预防控制机构、相关高校和科研院所以及养殖生产一线人员等的大力支持，在此表示诚挚的感谢！

诚然，由于总站在全国开展耐药性监测工作的时间相对较短，相关技术手段、数据分析工作等的系统性、标准性还不够健全，书中所反映的结果亦受上报数据质量的影响，加之编写人员水平有限，错误与疏漏之处敬请广大读者批评指正，以便今后不断改进。

编　者

2021年6月

CONTENTS | 目录

综 合 篇

地 方 篇

综　合　篇

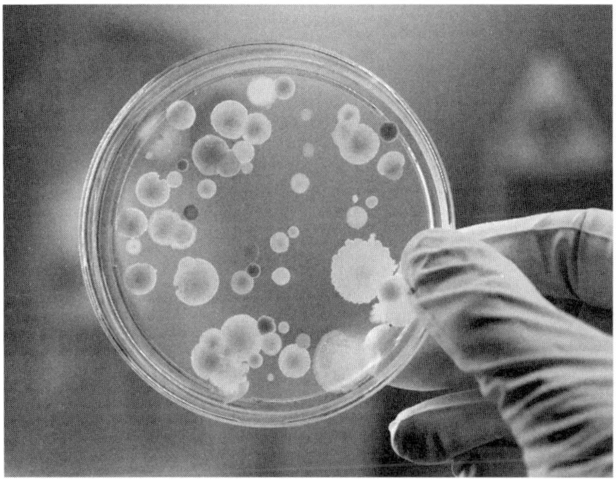

2020年全国水产养殖动物主要病原菌耐药性状况分析

一、2020年全国监测状况

1. 监测细菌种类、来源及数量

为了解和掌握水产养殖动物主要病原菌耐药性情况及变化规律，指导渔民科学使用水产用抗菌药物，提高细菌性病害防控成效，推动渔业绿色高质量发展，2020年全国水产技术推广总站组织北京、天津、辽宁等13个省、自治区、直辖市开展了水产养殖动物病原菌耐药性监测工作，全年共分离到水产养殖动物病原菌1 265株（表1）。

表1　用于耐药性监测的水产养殖动物原菌来源及背景

序号	监测地	病原菌来源动物种类	分离细菌数量（株）
1	北京	金鱼	36
2	天津	鲤、鲫	54
3	重庆	鲫	26
4	辽宁	大菱鲆	330
5	河北	鲤、草鱼	60
6	河南	黄河鲤、斑点叉尾鮰	34
7	山东	乌鳢、小龙虾	17
8	江苏	草鱼、鲫	149
9	浙江	中华鳖、加州鲈、黄颡鱼、大黄鱼	283
10	湖北	鲫	153
11	福建	大黄鱼	29
12	广东	罗非鱼、大口黑鲈、黄鳍鲷、黄颡鱼、宝石鲈	64
13	广西	罗非鱼	30
	合计		1 265

2. 监测药物种类

2020年，针对恩诺沙星、硫酸新霉素、甲砜霉素、氟苯尼考、盐酸多西环素、氟甲喹、磺胺间甲氧嘧啶钠、磺胺甲噁唑/甲氧苄啶等8种水产用抗菌药物开展耐药性监测。

3. 主要监测结果

（1）主要病原菌种类

从草鱼、鲫、鲈、罗非鱼等我国主要大宗水产养殖动物及金鱼等观赏鱼类中均分离出对不同抗菌药物具有耐药性的病原菌，包括气单胞菌、弧菌、假单胞菌和链球菌等；获得有效耐药数据的菌株共674株，其中气单胞菌482株（72%）、弧菌114株（17%）、链球菌64株（9%）以及假单胞菌14株（2%）（图1）。

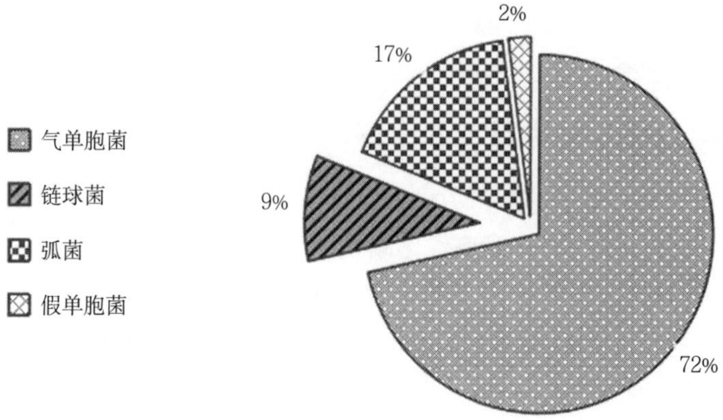

图1 2020年耐药性监测病原菌分布情况

（2）主要抗菌药物的耐药性对比

我国主要水产养殖区水产养殖动物病原菌对恩诺沙星、硫酸新霉素、甲砜霉素、氟苯尼考、盐酸多西环素、氟甲喹、磺胺间甲氧嘧啶钠和磺胺甲噁唑/甲氧苄啶等8种水产用抗菌药物的耐药水平具有较大的差异性。

以全年获取的监测数据为依据，革兰氏阴性菌（气单胞菌、弧菌和假单胞菌）对磺胺间甲氧嘧啶钠和氟苯尼考在全国范围内显示出相对高的耐药性风险，耐药率分别为42.22%和37.01%（表2），而革兰氏阴性菌（链球菌）对各种药物均较敏感（表3）。

表2 革兰氏阴性菌耐药性监测总体情况（n=610）

药物名称	MIC_{50}（μg/mL）	MIC_{90}（μg/mL）	耐药率	中介率	敏感率	耐药性判定参考值		
						耐药折点	中介折点	敏感折点
恩诺沙星	0.2	3.13	9.85%	14.78%	75.37%	≥4		≤0.5
氟苯尼考	3.13	200	37.01%	2.80%	60.20%	≥8	4	≤2
盐酸多西环素	0.78	100	18.26%	5.76%	75.99%	≥16	8	≤4
磺胺间甲氧嘧啶钠	32	512	42.22%		57.78%	≥512		≤256
硫酸新霉素	1.56	6.25						
甲砜霉素	3.13	200						
氟甲喹	0.78	25						
磺胺甲噁唑/甲氧苄啶	32/6.4	512/102						

注：MIC_{50}、MIC_{90}分别为抑制50%、90%细菌生长的最小药物浓度。

表3 革兰氏阳性菌耐药性监测总体情况（n=64）

药物名称	MIC_{50}（μg/mL）	MIC_{90}（μg/mL）	耐药率	敏感率	耐药性判定参考值	
					耐药折点	敏感折点
盐酸多西环素	0.1	0.2	3.23%	96.77%	≥2	≤1

（续）

药物名称	MIC$_{50}$ (μg/mL)	MIC$_{90}$ (μg/mL)	耐药率	敏感率	耐药性判定参考值	
					耐药折点	敏感折点
恩诺沙星	0.39	0.39				
硫酸新霉素	12.5	25				
甲砜霉素	1.56	6.25				
氟苯尼考	1.56	3.13				
氟甲喹	1.56	12.5				
磺胺间甲氧嘧啶钠	1.56	50				
磺胺甲噁唑/甲氧苄啶	8/1.6	64/12.8				

比较 7 种抗菌药物对气单胞菌、弧菌、假单胞菌和链球菌等 4 种分离菌株的 MIC$_{50}$ 及 MIC$_{90}$，结果显示磺胺间甲氧嘧啶钠、甲砜霉素和氟苯尼考对假单胞菌的 MIC$_{50}$ 均比其他菌高，并且这 3 种药物对假单胞菌和气单胞菌的 MIC$_{90}$ 均达到较高的水平（图 2）。

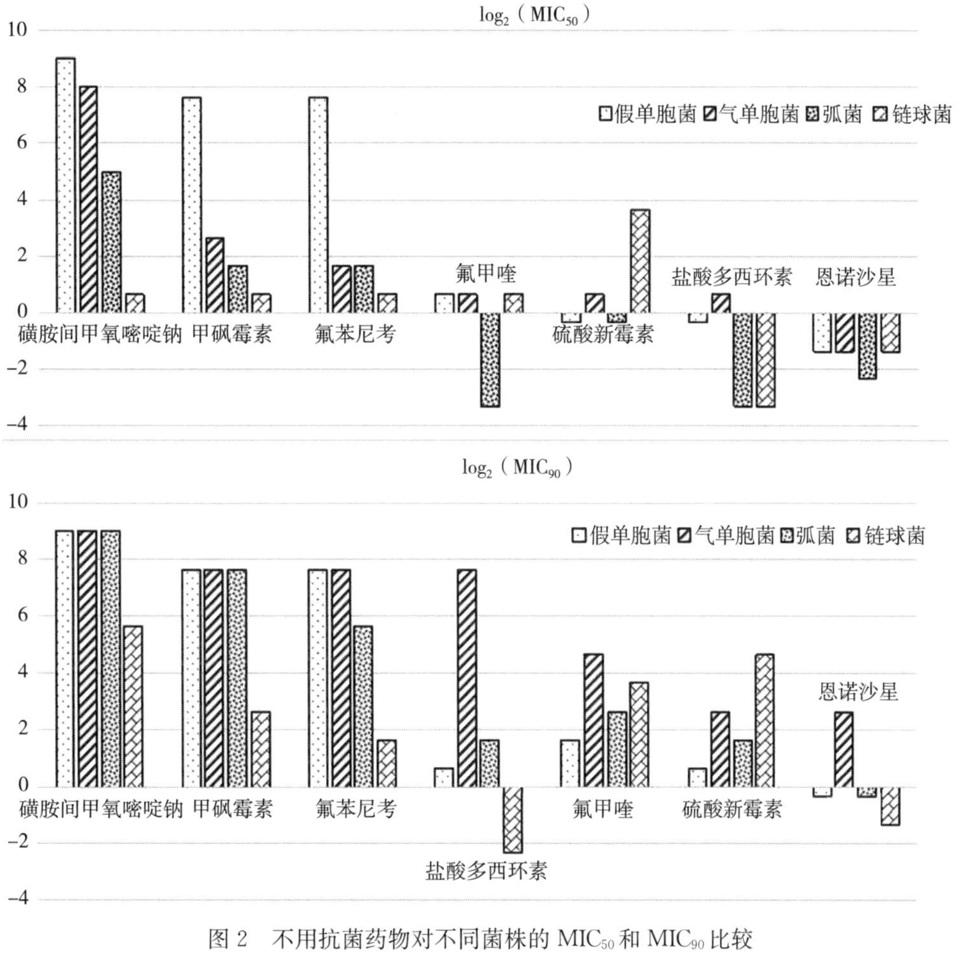

图 2　不用抗菌药物对不同菌株的 MIC$_{50}$ 和 MIC$_{90}$ 比较

（3）我国主要水产养殖区水产养殖动物病原菌对于主要抗菌药物的耐药性显示出明显的地区性差异。

①广东、浙江、江苏、河南和天津地区分离的气单胞菌对磺胺间甲氧嘧啶钠的耐药率高于全国平均水平。

②浙江、江苏地区分离的气单胞菌对氟苯尼考的耐药率显著高于全国平均水平；福建和重庆地区分离的假单胞菌对氟苯尼考的耐药率达100%。

③河南、天津、江苏地区分离的气单胞菌对恩诺沙星的耐药率高于全国平均水平。

④江苏地区分离的气单胞菌对盐酸多西环素的耐药率显著高于全国平均水平。

⑤广西、广东地区分离的链球菌以及河南分离的气单胞菌，硫酸新霉素对其MIC水平高于全国平均水平。

⑥福建、重庆地区分离的假单胞菌、河北地区分离的气单胞菌以及山东地区分离的弧菌，甲砜霉素对其MIC水平高于全国平均水平。

⑦广东、河南地区分离的气单胞菌以及山东地区分离的弧菌，氟甲喹对其MIC水平高于全国平均水平。

4. 对不同药物的耐药性状况

在不同的水产养殖区域，水产养殖动物病原菌对不同种类药物的敏感性差异较大。

（1）恩诺沙星

2020年，对于监测地区水产养殖动物病原菌，恩诺沙星的MIC_{50}在0.1～1.56 μg/mL，MIC_{90}在0.39～25 μg/mL；天津、河南、江苏和广东分离的病原菌显示出较高的耐药性风险，MIC_{90}均超过耐药临界值（图3）；河南和天津分离的气单胞菌对恩诺沙星的耐药率相对较高，分别为29.41%和26.42%；其余地区的病原菌的耐药率均低于20%（图4）。

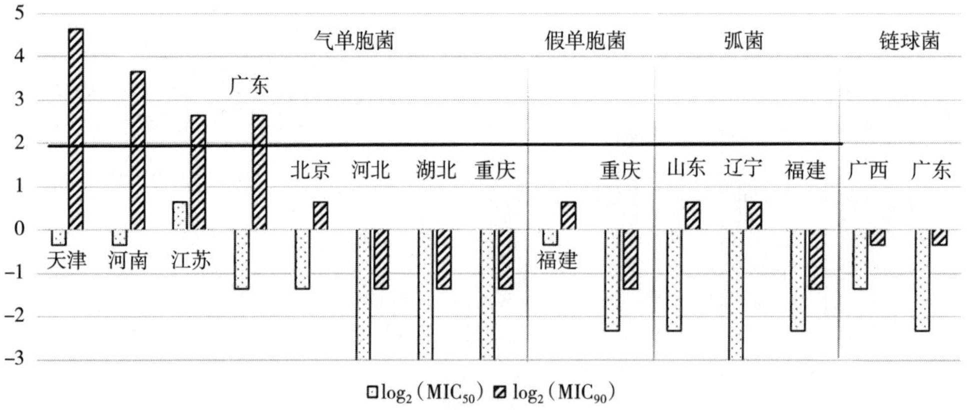

图3 主要水产养殖区恩诺沙星对不同菌株的MIC_{50}及MIC_{90}比较

实线为气单胞菌、弧菌和假单胞菌对恩诺沙星的耐药临界值（MIC≥4 μg/mL为耐药），链球菌无耐药临界值

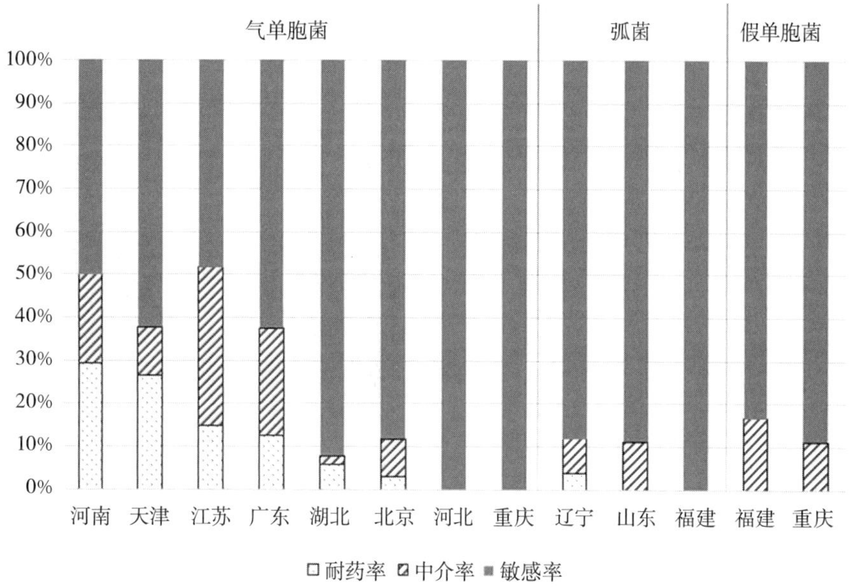

图4　主要水产养殖区不同菌株对恩诺沙星的耐药性状况

（2）氟苯尼考

2020年，对于监测地区水产养殖动物病原菌，氟苯尼考的 $MIC_{50} \geqslant 1.56$ μg/mL，$MIC_{90} \geqslant 3.13$ μg/mL；福建和重庆分离的假单胞菌显示出较高的耐药性风险，MIC_{50} 和 MIC_{90} 均为耐药临界值的25倍，江苏分离的气单胞菌的耐药性风险最高，MIC_{50} 和 MIC_{90} 分别为耐药临界值的6.25倍和25倍（图5）；福建和重庆分离的假单胞菌对氟苯尼考的耐药率均达到100%，江苏分离的气单胞菌的耐药率也高达79.19%，山东分离的弧菌耐药率达50%，河北、湖北、重庆分离的气单胞菌和福建分离的弧菌耐药率较低，均低于20%（图6）。

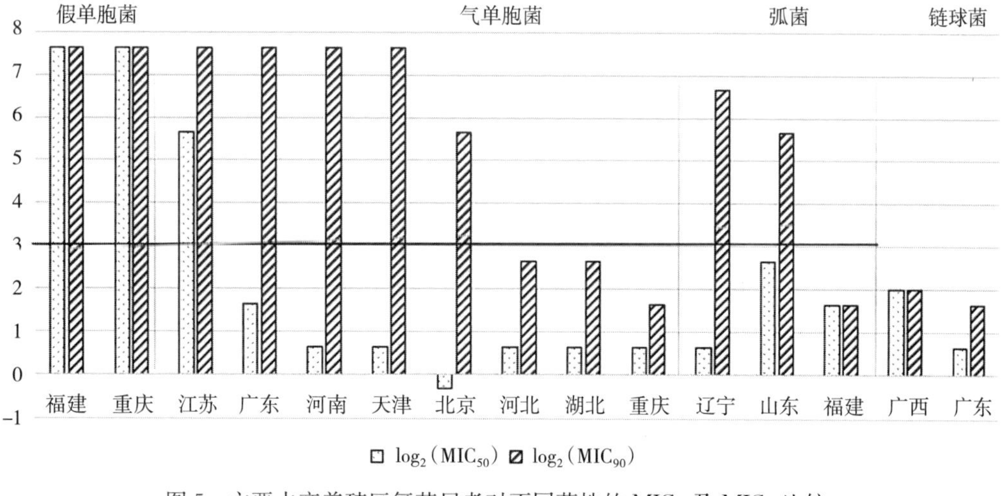

图5　主要水产养殖区氟苯尼考对不同菌株的 MIC_{50} 及 MIC_{90} 比较

实线为气单胞菌、弧菌和假单胞菌对氟苯尼考的耐药临界值（MIC≥8 μg/mL为耐药），链球菌无耐药临界值

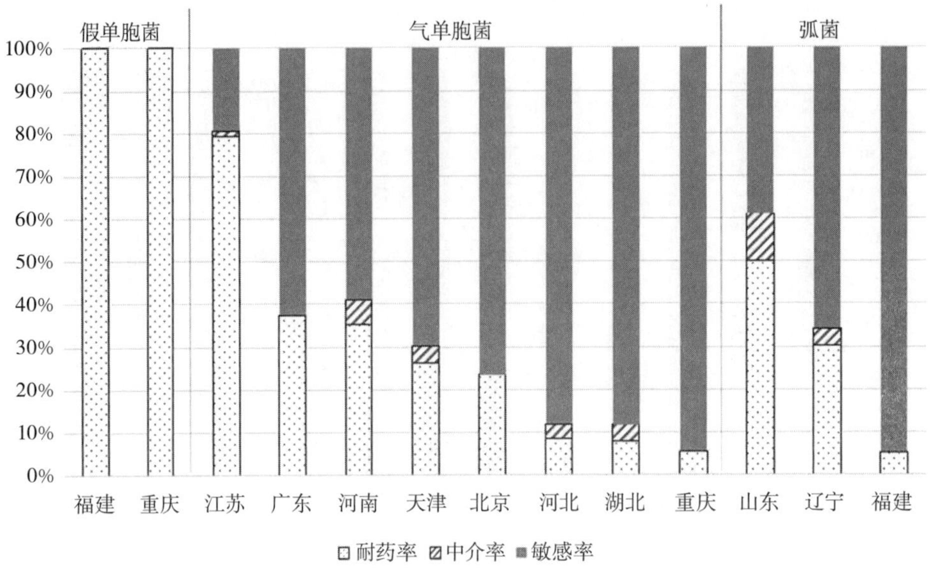

图6 主要水产养殖区不同菌株对氟苯尼考的耐药性状况

(3) 磺胺间甲氧嘧啶钠

2020年，对于监测地区水产养殖动物病原菌，磺胺间甲氧嘧啶钠的 $MIC_{50}\geqslant 2\ \mu g/mL$，$MIC_{90}\geqslant 32\ \mu g/mL$；福建和重庆分离的假单胞菌以及天津、江苏、河南、广东分离的气单胞菌均显示出较高的耐药性风险，MIC_{50} 和 MIC_{90} 均达到耐药临界值（图7）；福建和重庆分离的假单胞菌对磺胺间甲氧嘧啶钠的耐药率均达到100%，江苏分离的气单胞菌的耐药率也高达79.19%，山东分离的弧菌的耐药率达到50%，河北、重庆和北京分离的气单胞菌以及辽宁分离的弧菌的耐药率较低，均低于20%（图8）。

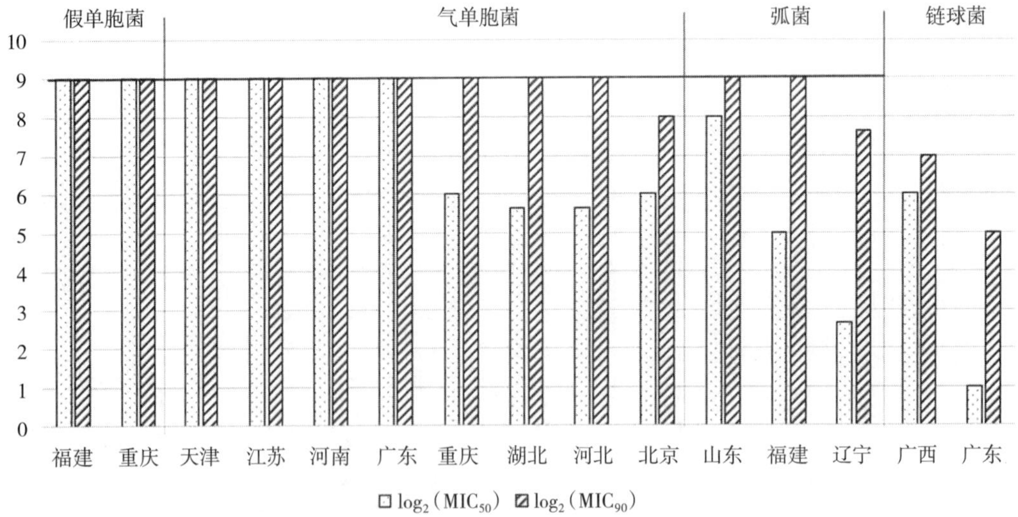

图7 主要水产养殖区磺胺间甲氧嘧啶钠对不同菌株的 MIC_{50} 及 MIC_{90} 比较

实线为气单胞菌、弧菌和假单胞菌对磺胺间甲氧嘧啶钠的耐药临界值（$MIC\geqslant 512\ \mu g/mL$ 为耐药），链球菌无耐药临界值

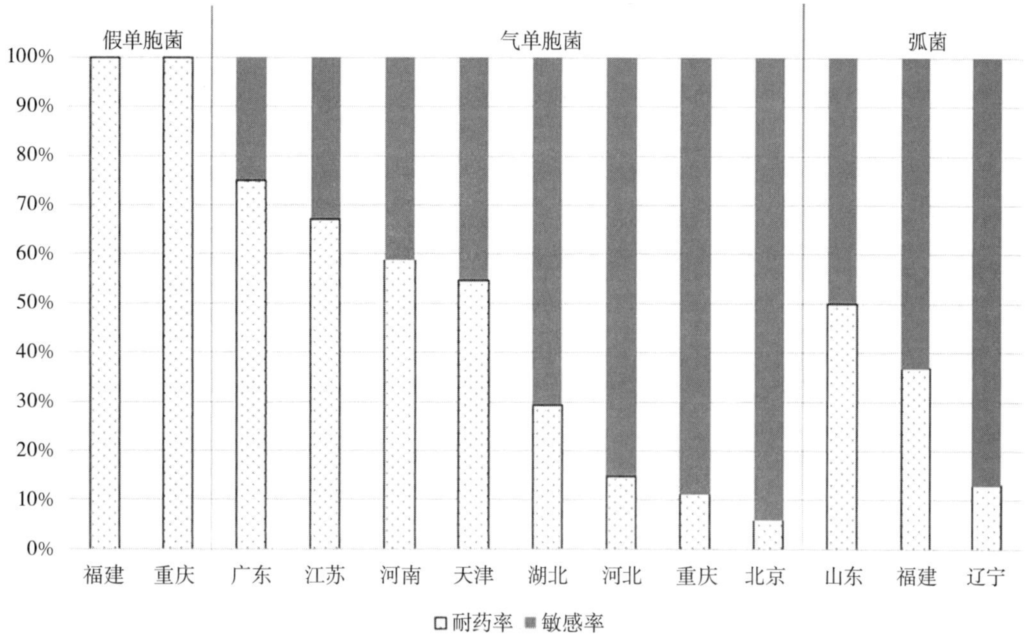

图 8　主要水产养殖区不同菌株对磺胺间甲氧嘧啶钠的耐药性状况

(4) 盐酸多西环素

2020 年，对于监测地区水产养殖动物病原菌，盐酸多西环素的 MIC_{50} 为 0.1～50 μg/mL，MIC_{90}≥0.1 μg/mL；江苏分离的气单胞菌均显示出较高的耐药性风险，MIC_{50} 和 MIC_{90} 均为临界值的 3.1 倍和 12.5 倍，其次为广东分离的气单胞菌和山东分离的弧菌，MIC_{90} 均略超过耐药临界值（图 9）；江苏分离的气单胞菌对盐酸多西环素的耐药率较高，达到 59.06%，其他地区的病原菌耐药率均低于 20%（图 10）。

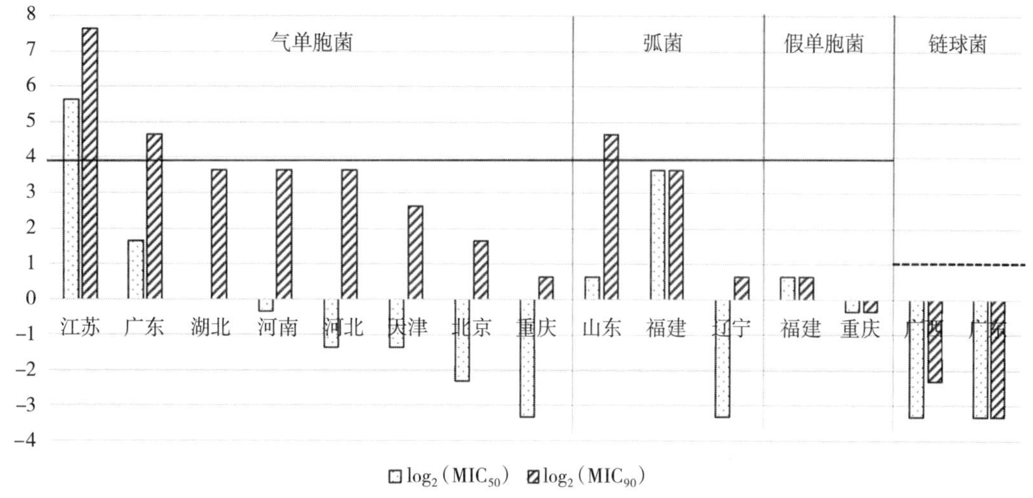

图 9　主要水产养殖区盐酸多西环素对不同菌株的 MIC_{50} 及 MIC_{90} 比较

实线为气单胞菌、弧菌和假单胞菌对盐酸多西环素的耐药临界值（MIC≥16 μg/mL 为耐药），虚线为链球菌对盐酸多西环素的耐药临界值（MIC≥2 μg/mL 为耐药）

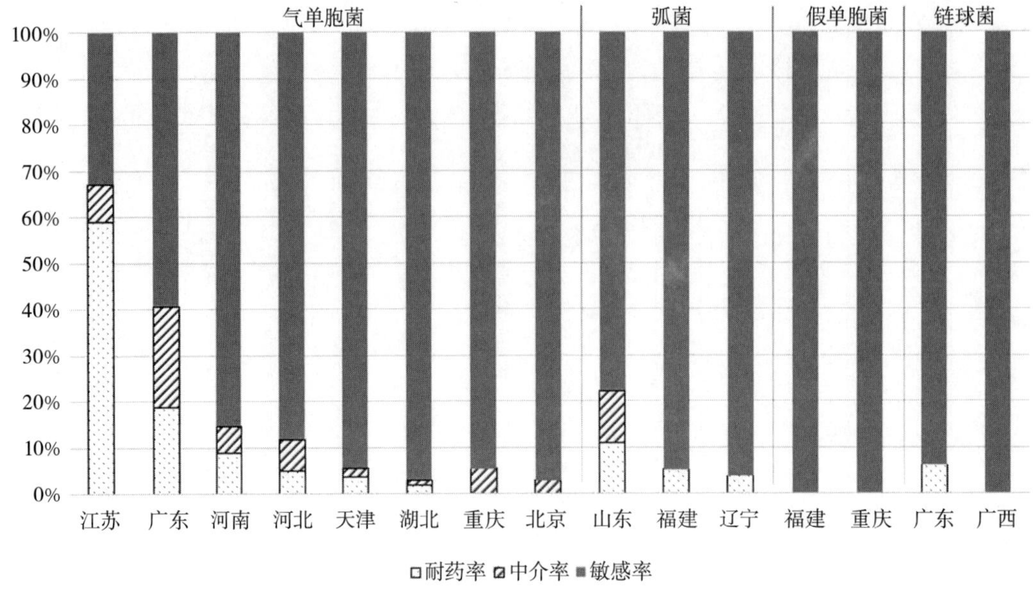

图 10 主要水产养殖区不同菌株对盐酸多西环素的耐药性状况

（5）硫酸新霉素

2020 年，对于监测地区水产养殖动物病原菌，硫酸新霉素的 MIC_{50} 在 0.39～12.5 μg/mL，MIC_{90} 在 0.78～25 μg/mL；广西和广东分离的链球菌对硫酸新霉素均显示出较高的耐药性风险，MIC_{50} 和 MIC_{90} 均比其他地区的病原菌高。不同地区分离的气单胞菌，MIC_{50} 和 MIC_{90} 差异不大，硫酸新霉素对福建和重庆分离的假单胞菌 MIC 较低（图 11）。

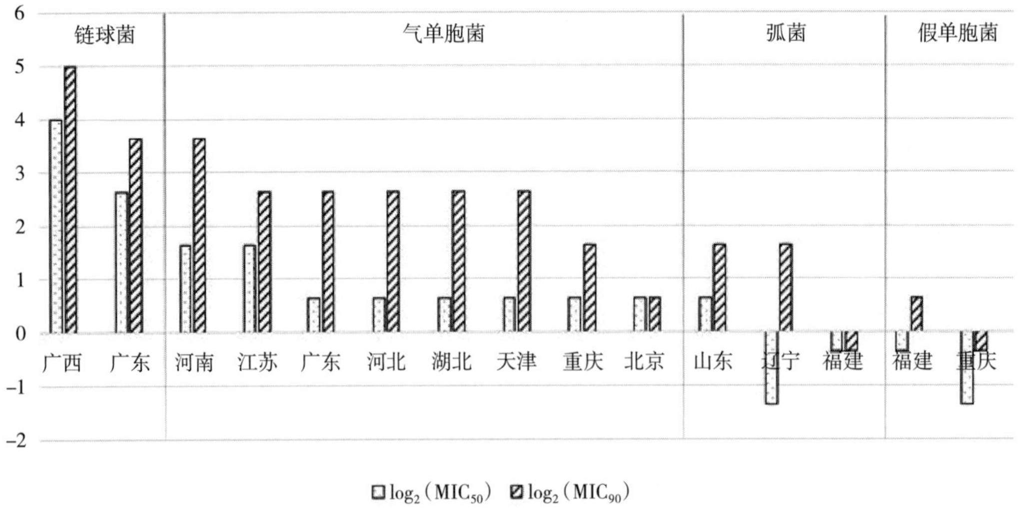

图 11 主要水产养殖区硫酸新霉素对不同菌株的 MIC_{50} 及 MIC_{90} 比较

(6) 甲砜霉素

2020 年，对于监测地区水产养殖动物病原菌，甲砜霉素的 $MIC_{50}\geqslant 0.78$ μg/mL，$MIC_{90}\geqslant 0.78$ μg/mL；福建和重庆分离的假单胞菌、河北分离的气单胞菌以及山东分离的弧菌均显示出较高的耐药性风险，其 MIC_{50} 和 MIC_{90} 均比其他地区分离的病原菌高。甲砜霉素对天津分离的气单胞菌、福建分离的弧菌以及广东分离的链球菌的 MIC 相对较低(图 12)。

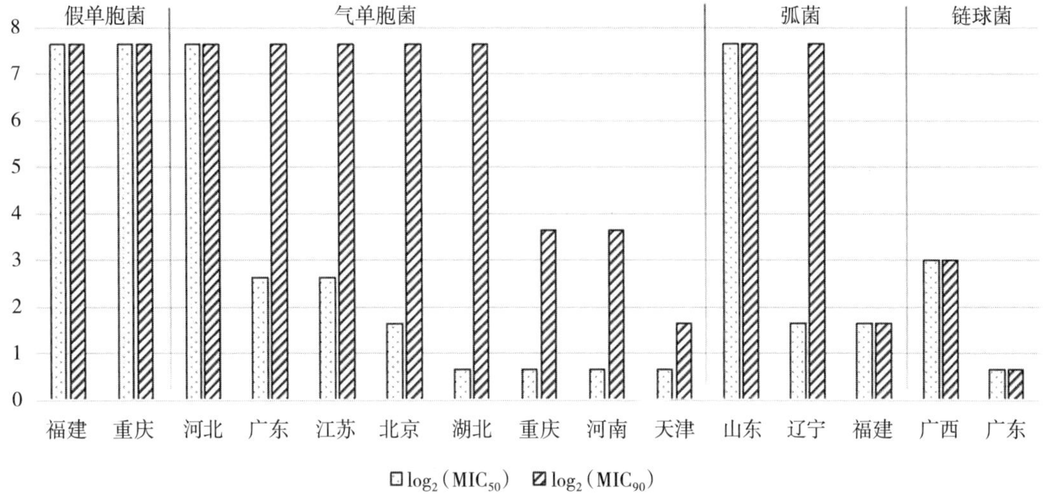

图 12　主要水产养殖区甲砜霉素对不同菌株的 MIC_{50} 及 MIC_{90} 比较

(7) 氟甲喹

2020 年，监测地区氟甲喹对水产养殖动物病原菌的 MIC_{50} 在 0.1～50 μg/mL，$MIC_{90}\geqslant 0.1$ μg/mL；广东、河南分离的气单胞菌以及山东分离的弧菌均显示出较高的耐药性风险，MIC_{90} 均比其他地区的病原菌高；对于重庆分离的气单胞菌以及辽宁、福建分离的弧菌，氟甲喹对其 MIC 相对较低（图 13）。

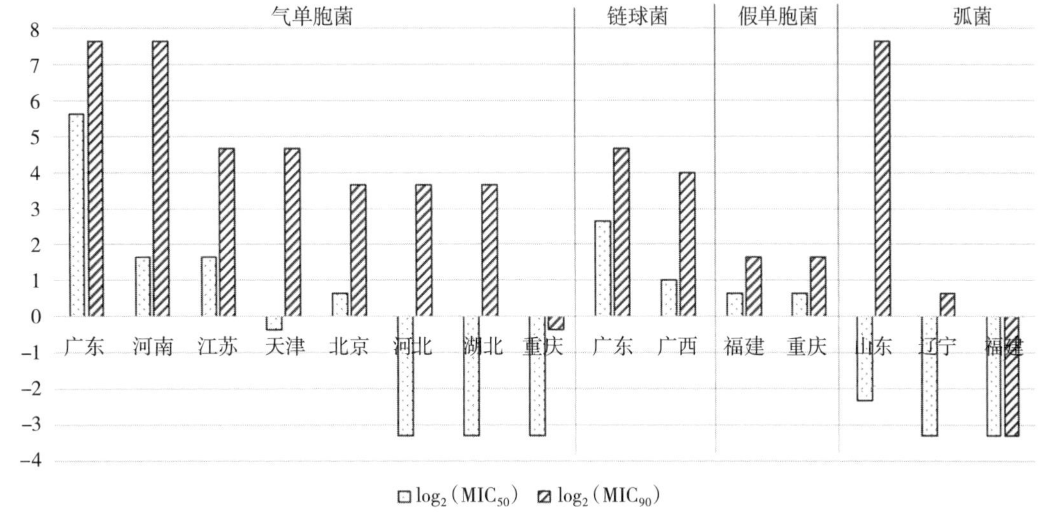

图 13　主要水产养殖区氟甲喹对不同菌株的 MIC_{50} 及 MIC_{90} 比较

5. 不同水产养殖区的耐药性状况

(1) 北京市

2020 年北京市水产养殖耐药性普查工作中从金鱼体内分离到细菌合计 36 株，其中气单胞菌 34 株，腐败希瓦氏菌 2 株。

测试了 34 株气单胞菌对恩诺沙星、硫酸新霉素等7种/类抗菌药物的敏感性(图 14)。结果显示，氟苯尼考的 MIC_{90} 超过耐药临界值（为耐药临界值的 6.25 倍），其余药物的 MIC 都较低。病原菌对氟苯尼考的耐药率最高，为 23.53%，对磺胺间甲氧嘧啶钠、恩诺沙星和盐酸多西环素的耐药率均低于 20%（图 15）。

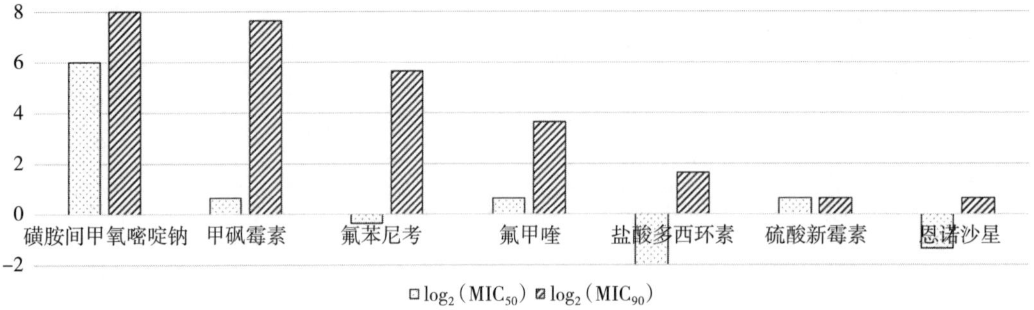

图 14　不同药物对北京市水产养殖动物病原菌的 MIC_{50} 和 MIC_{90} 比较

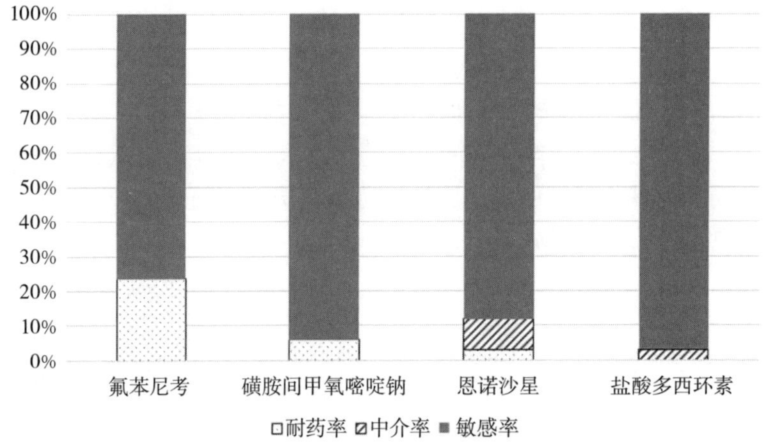

图 15　北京市水产养殖动物病原菌对不同药物的耐药率比较

(2) 天津市

2020 年天津市水产养殖耐药性普查工作中从鲤、鲫等水产养殖动物体内分离到气单胞菌合计 53 株。

测试了 53 株气单胞菌对恩诺沙星、硫酸新霉素等7种/类抗菌药物的敏感性(图 16)。结果显示，除磺胺间甲氧嘧啶钠的 MIC_{50} 和 MIC_{90} 均达到耐药临界值外，氟苯尼考和恩诺沙星的 MIC_{90} 也高于耐药临界值，分别为耐药临界值的 25 倍和 6.25 倍；其余药物的 MIC 相对较低。病原菌对磺胺间甲氧嘧啶钠的耐药率最高，为 54.72%；其次为恩诺沙星和氟苯尼考，均为 26.42%；病原菌对盐酸多西环素的耐药率低于 5%（图 17）。

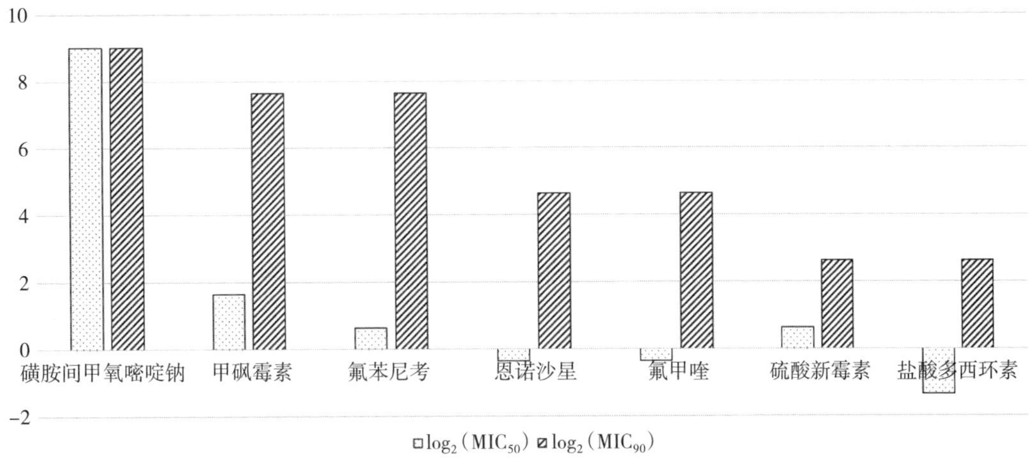

图 16　天津市不同药物对水产养殖动物病原菌的 MIC_{50} 和 MIC_{90} 比较

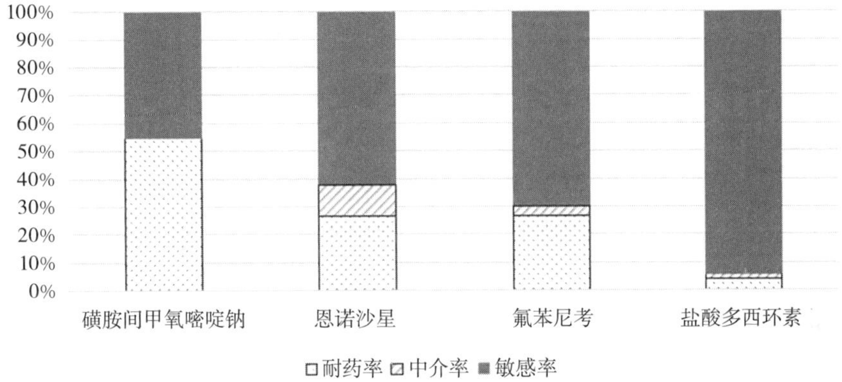

图 17　天津市水产养殖动物病原菌对不同药物的耐药率比较

（3）重庆

2020 年重庆市水产养殖耐药性监测工作中从鲫等水产养殖动物体内分离到细菌合计 26 株，其中气单胞菌 18 株，假单胞菌 8 株。

分别测试了 18 株气单胞菌和 8 株假单胞菌对恩诺沙星、硫酸新霉素等 7 种/类抗菌药物的敏感性（图 18）。结果显示，不同药物对假单胞菌比对气单胞菌的 MIC 水平高，其中磺胺间甲氧嘧啶钠和氟苯尼考对假单胞菌的 MIC_{50} 和 MIC_{90} 均达到耐药临界值，病原菌耐药率均达到 100%（图 19）；其他药物的 MIC 则相对较低。

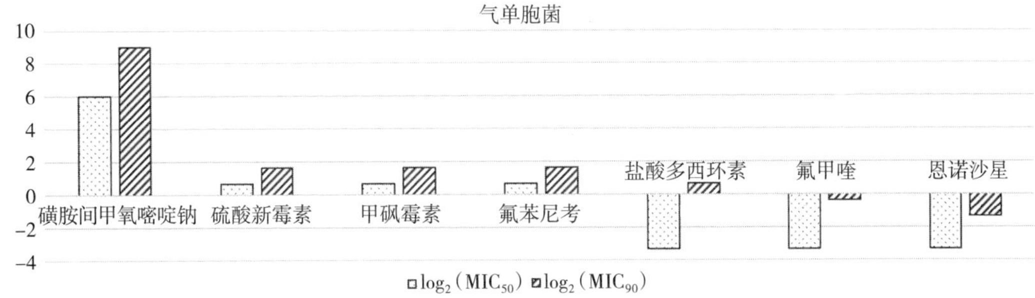

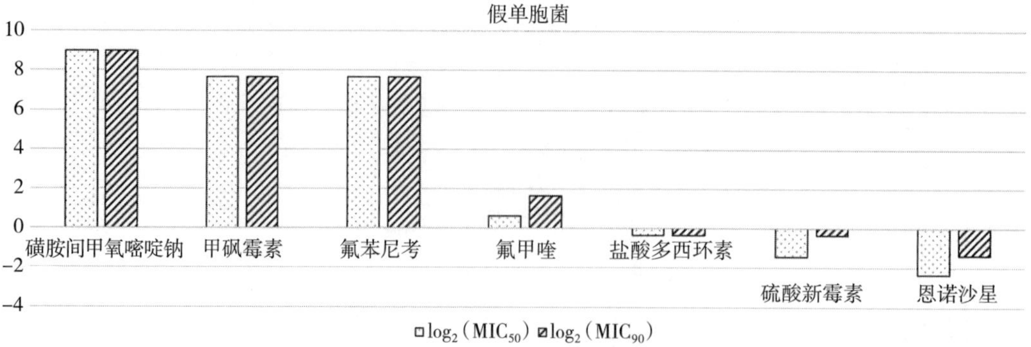

图 18　重庆市不同药物对水产养殖动物病原菌的 MIC_{50} 和 MIC_{90} 比较

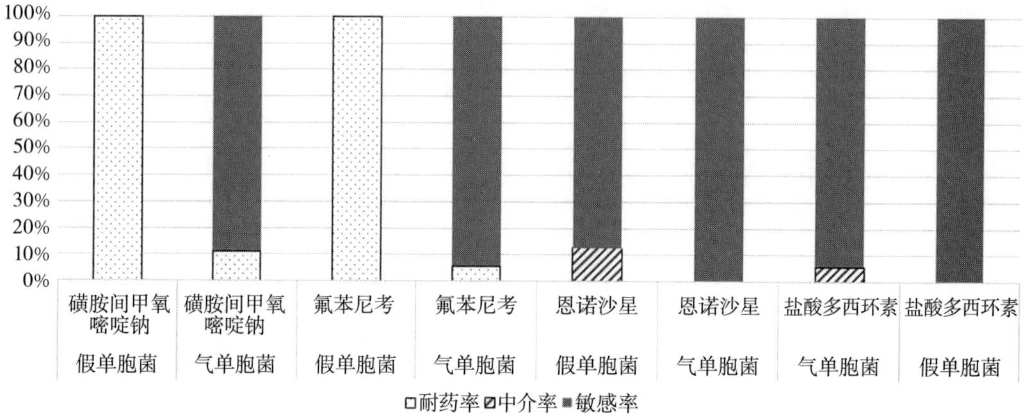

图 19　重庆市水产养殖动物病原菌对不同药物的耐药率比较

（4）辽宁省

2020 年辽宁省水产养殖耐药性监测工作中从大菱鲆体内分离到弧菌合计 77 株。

测试了 77 株弧菌对恩诺沙星、硫酸新霉素等 7 种/类抗菌药物的敏感性（图 20）。结果显示，对于辽宁省分离的弧菌，除氟苯尼考的 MIC_{90} 达到耐药临界值外（为耐药临界值的 12.5 倍），病原菌对其耐药率为 36.26%；其余药物的 MIC 均相对较低，病原菌对其耐药率也低于 20%（图 21）。

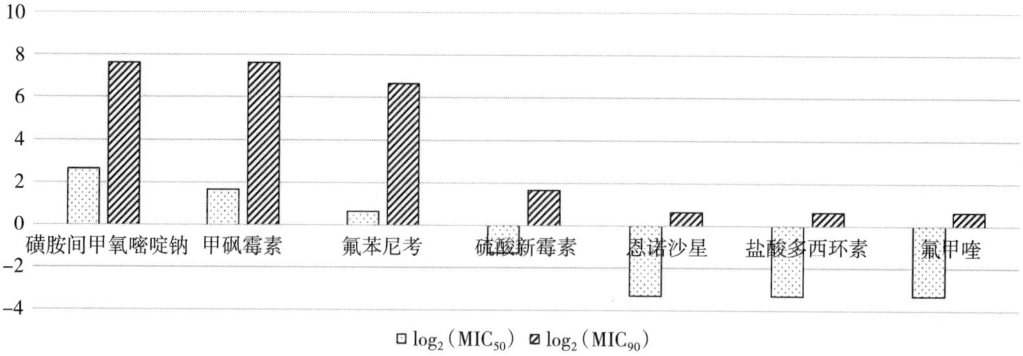

图 20　辽宁省不同药物对水产养殖动物病原菌的 MIC_{50} 和 MIC_{90} 比较

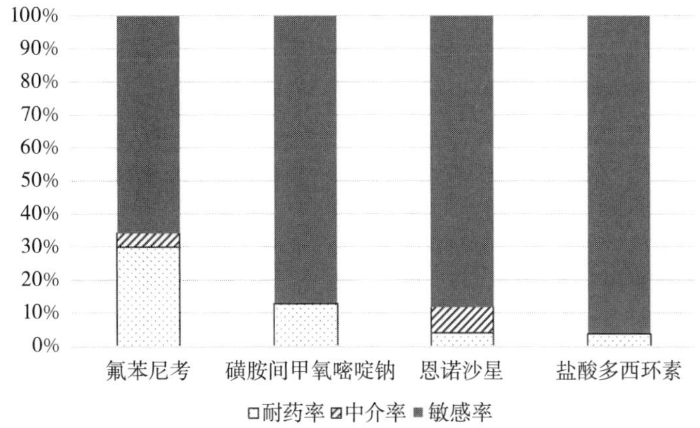

图 21　辽宁省水产养殖动物病原菌对不同药物的耐药率比较

（5）河北省

2020年河北省水产养殖耐药性普查工作中从鲤、草鱼等水产养殖动物体内分离到气单胞菌合计66株。

测试了66株气单胞菌对恩诺沙星、硫酸新霉素等7种/类抗菌药物的敏感性（图22）。结果显示，磺胺间甲氧嘧啶钠的 MIC_{90} 达到耐药临界值，病原菌对其耐药率为14.81%；其余药物的MIC水平均相对较低，病原菌对其耐药率低于10%（图23）。

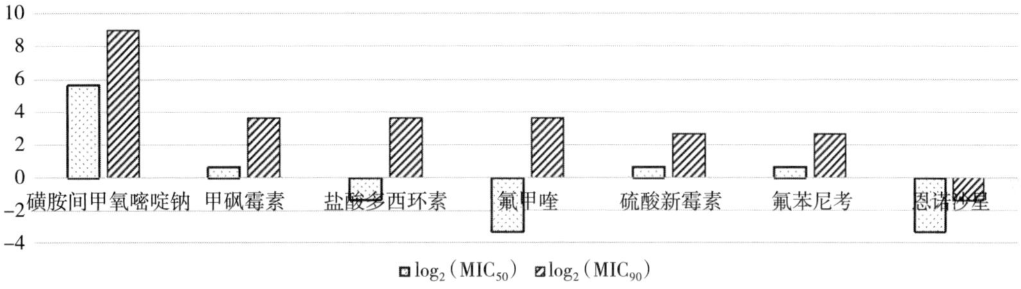

图 22　河北省不同药物对水产养殖动物病原菌的 MIC_{50} 和 MIC_{90} 比较

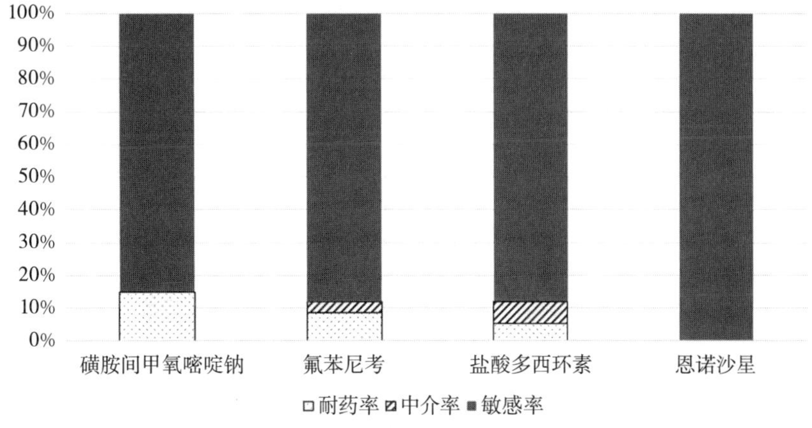

图 23　河北省水产养殖动物病原菌对不同药物的耐药率比较

（6）河南省

2020 年河南省水产养殖耐药性普查工作中从黄河鲤、斑点叉尾鮰等水产养殖动物体内分离到气单胞菌合计 34 株。

测试了 34 株气单胞菌对恩诺沙星、硫酸新霉素等7种/类抗菌药物的敏感性（图 24）。结果显示，磺胺间甲氧嘧啶钠的 MIC_{50} 和 MIC_{90} 均达到耐药临界值；氟苯尼考和恩诺沙星的 MIC_{90} 也高于耐药临界值，分别是耐药临界值的 25 倍和 3.125 倍；病原菌对磺胺间甲氧嘧啶钠的耐药率最高，为 58.82%，其次为氟苯尼考和恩诺沙星，分别为 35.29%和 29.41%（图 25）；其余药物的 MIC 相对较低。

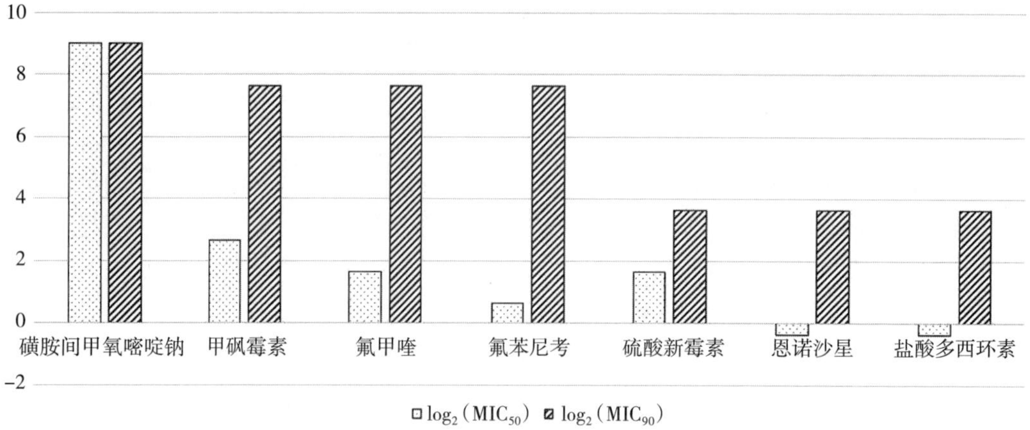

图 24　河南省不同药物对水产养殖动物病原菌的 MIC_{50} 和 MIC_{90} 比较

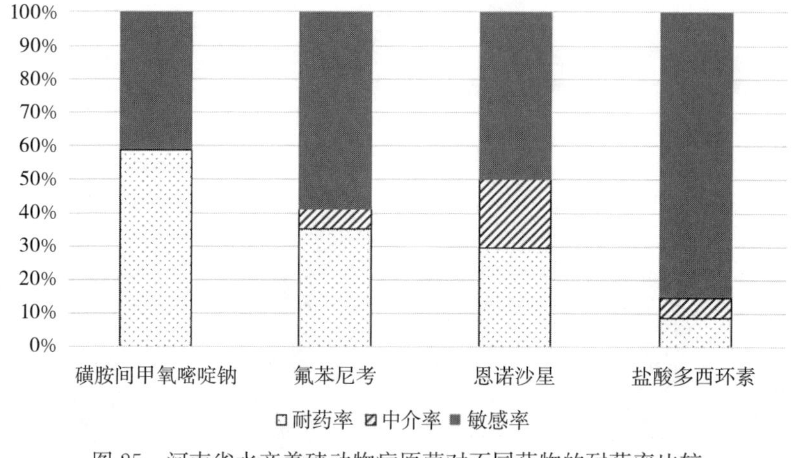

图 25　河南省水产养殖动物病原菌对不同药物的耐药率比较

（7）山东省

2020 年浙江省水产养殖耐药性普查工作中从乌鳢、小龙虾等水产养殖动物体内分离到细菌合计 38 株，其中弧菌 18 株，未鉴定菌种 20 株。

测试了 18 株弧菌对恩诺沙星、硫酸新霉素等 7 种/类抗菌药物的敏感性（图 26）。结果显示，磺胺间甲氧嘧啶钠、氟苯尼考和盐酸多西环素的 MIC_{90} 均达到耐药临界值；病原菌对磺胺间甲氧嘧啶钠和氟苯尼考的耐药率最高，均为 50%（图 27）；其余药物的 MIC 相对较低。

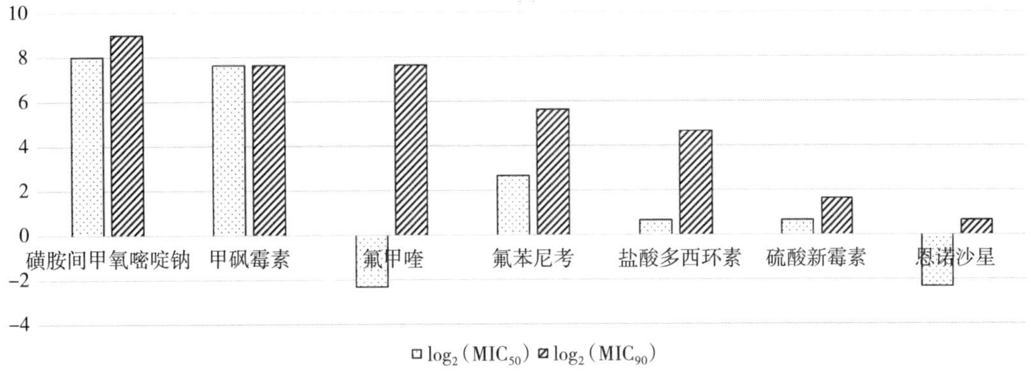

图 26　山东省不同药物对水产养殖动物病原菌的 MIC_{50} 和 MIC_{90} 比较

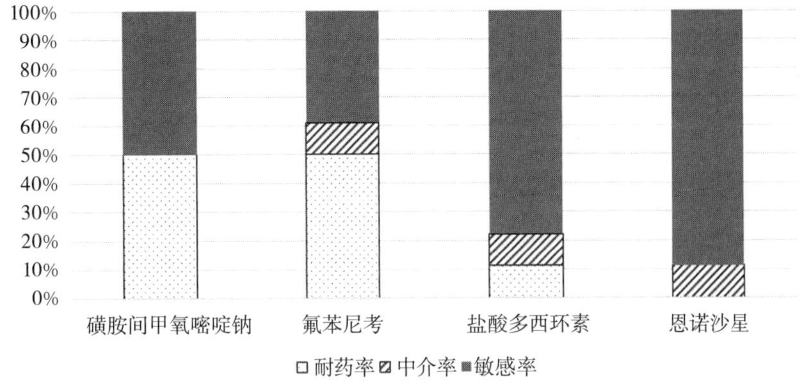

图 27　山东省水产养殖动物病原菌对不同药物的耐药率比较

（8）江苏省

2020 年江苏省水产养殖耐药性普查工作中从草鱼、鲫等水产养殖动物体内分离到气单胞菌合计 149 株。

测试了 149 株气单胞菌对恩诺沙星、硫酸新霉素等7种/类抗菌药物的敏感性（图 28）。结果显示，江苏省分离的气单胞菌对大部分受试药物高水平耐药，其中磺胺间甲氧嘧啶钠、氟苯尼考、盐酸多西环素对病原菌的 MIC_{50} 和 MIC_{90} 均超过耐药临界值，恩诺沙星的 MIC_{90} 也超过耐药临界值。病原菌对氟苯尼考的耐药率最高，为 79.19%；其次为磺胺间甲氧嘧啶钠

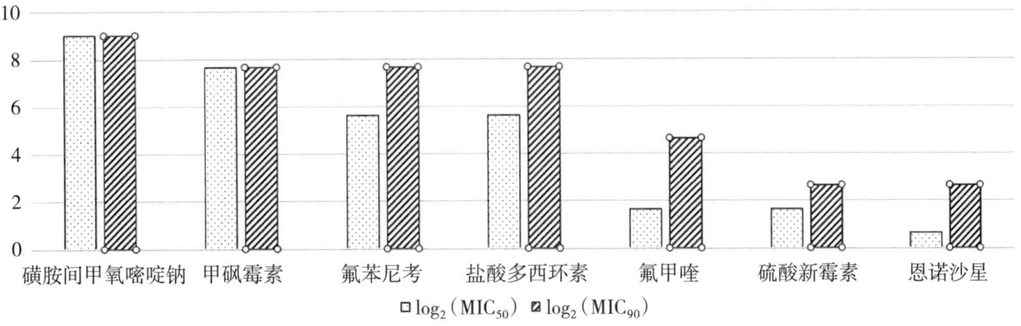

图 28　江苏省不同药物对水产养殖动物病原菌的 MIC_{50} 和 MIC_{90} 比较

和盐酸多西环素，分别为67.11%和59.06%；恩诺沙星最低，为14.77%（图29）。

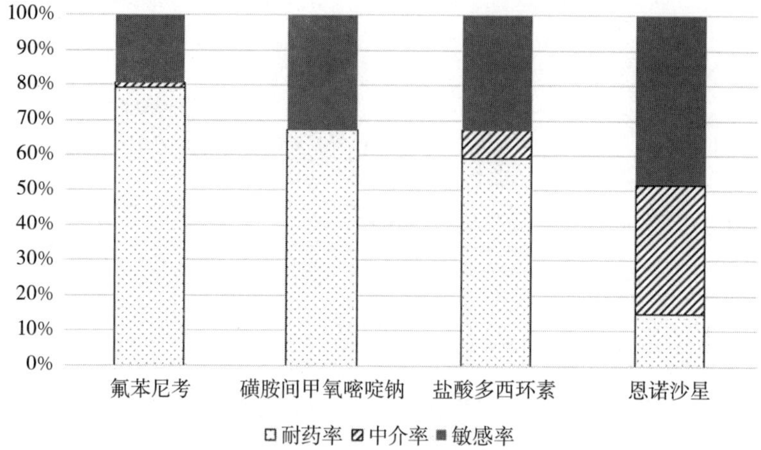

图29 江苏省水产养殖动物病原菌对不同药物的耐药率比较

(9) 浙江省

2020年浙江省水产养殖耐药性普查工作中从各类水产养殖动物体内分离到细菌合计290株，其中中华鳖源菌株146株，加州鲈源菌株45株，黄颡鱼源菌株72株，大黄鱼源菌株27株。

测试了290株病原菌对恩诺沙星、硫酸新霉素等7种/类抗菌药物的敏感性（图30）。结果显示，浙江省分离的病原菌对大部分受试药物高水平耐药，其中磺胺间甲氧嘧啶钠、氟苯尼考的MIC_{50}和MIC_{90}均超过耐药临界值，恩诺沙星和盐酸多西环素的MIC_{90}也超过耐药临界值。病原菌对氟苯尼考的耐药率最高，为56.55%；其次为磺胺间甲氧嘧啶钠，为55.86%；盐酸多西环素和恩诺沙星相对较低，分别为21.03%和20.34%（图31）。

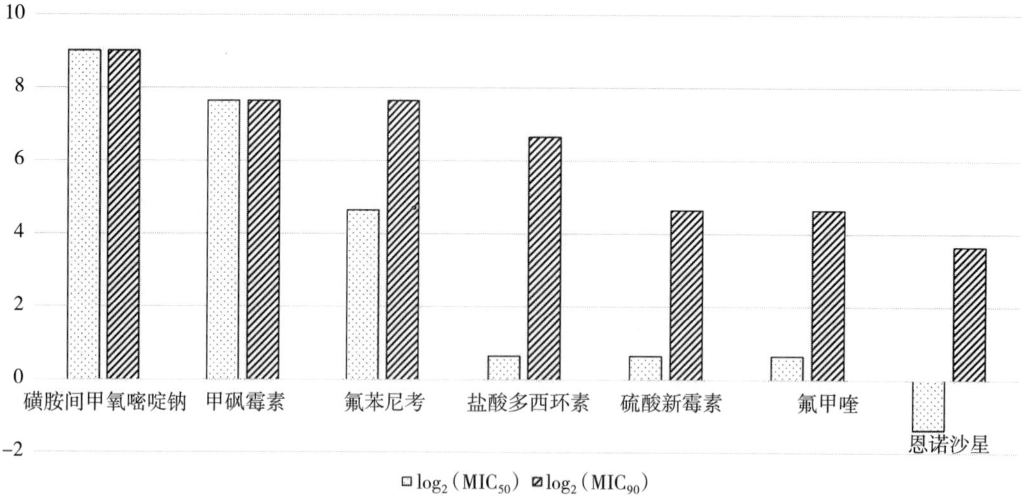

图30 浙江省不同药物对水产养殖动物病原菌的MIC_{50}和MIC_{90}比较

(10) 湖北省

2020年湖北省水产养殖耐药性普查工作中从鲫体内分离到病原菌合计153株。

测试了其中102株维氏气单胞菌对恩诺沙星、硫酸新霉素等7种/类抗菌药物的敏感

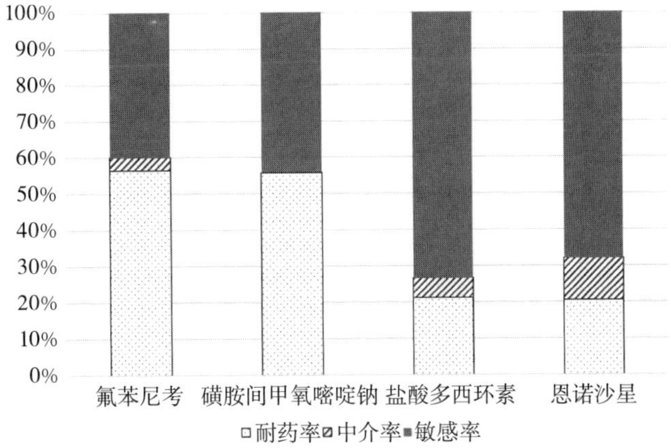

图 31　浙江省水产养殖动物病原菌对不同药物的耐药率比较

性（图 32）。结果显示，湖北省分离的气单胞菌除对磺胺间甲氧嘧啶钠的耐药性风险相对较高外，对其他抗菌药物均较敏感。磺胺间甲氧嘧啶钠的 MIC_{90} 达到耐药临界值，病原菌耐药率为 29.41%；其余药物的 MIC 相对较低，病原菌耐药率均低于 10%（图 33）。

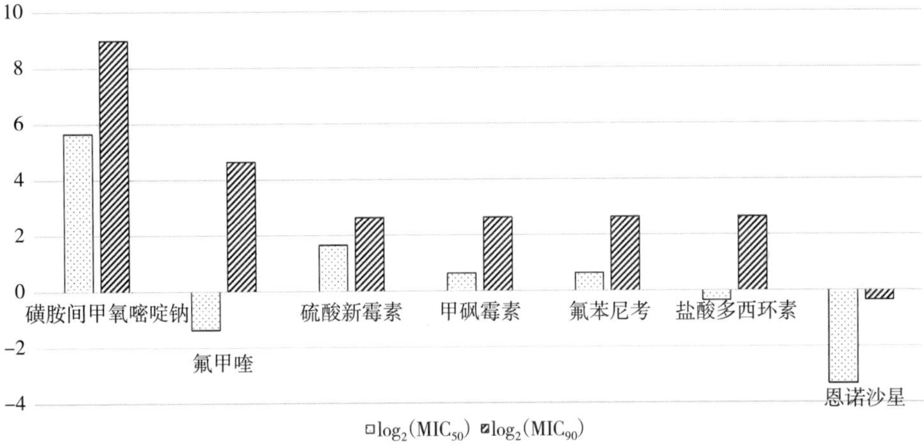

图 32　湖北省不同药物对水产养殖动物病原菌的 MIC_{50} 和 MIC_{90} 比较

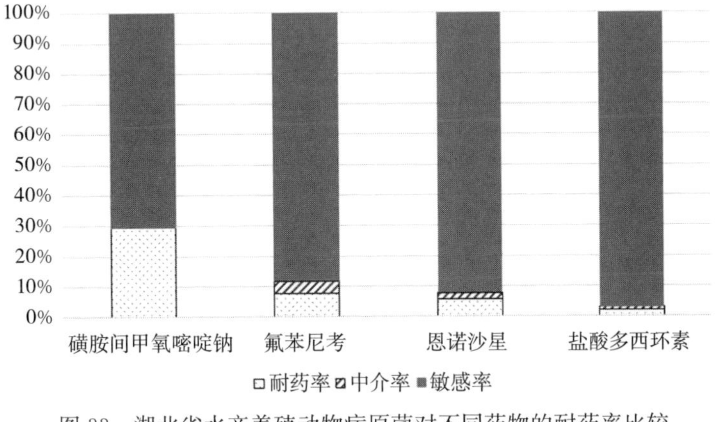

图 33　湖北省水产养殖动物病原菌对不同药物的耐药率比较

（11）福建省

2020 年福建省水产养殖耐药性监测工作中从大黄鱼、对虾和鳗鲡等水产养殖动物体内分离到细菌合计 47 株，其中弧菌 19 株，假单胞菌 6 株，其他菌株 22 株。

分别测试了 19 株弧菌和 6 株假单胞菌对恩诺沙星、硫酸新霉素等 7 种/类抗菌药物的敏感性（图 34）。结果显示，7 种/类抗菌药物对假单胞菌总体 MIC 水平较弧菌的相对偏高，其中磺胺间甲氧嘧啶钠和氟苯尼考的 MIC_{50} 和 MIC_{90} 均超过了耐药临界值，假单胞菌对两种药物的耐药率均达到 100%（图 35）；其他药物的 MIC 水平则相对较低。

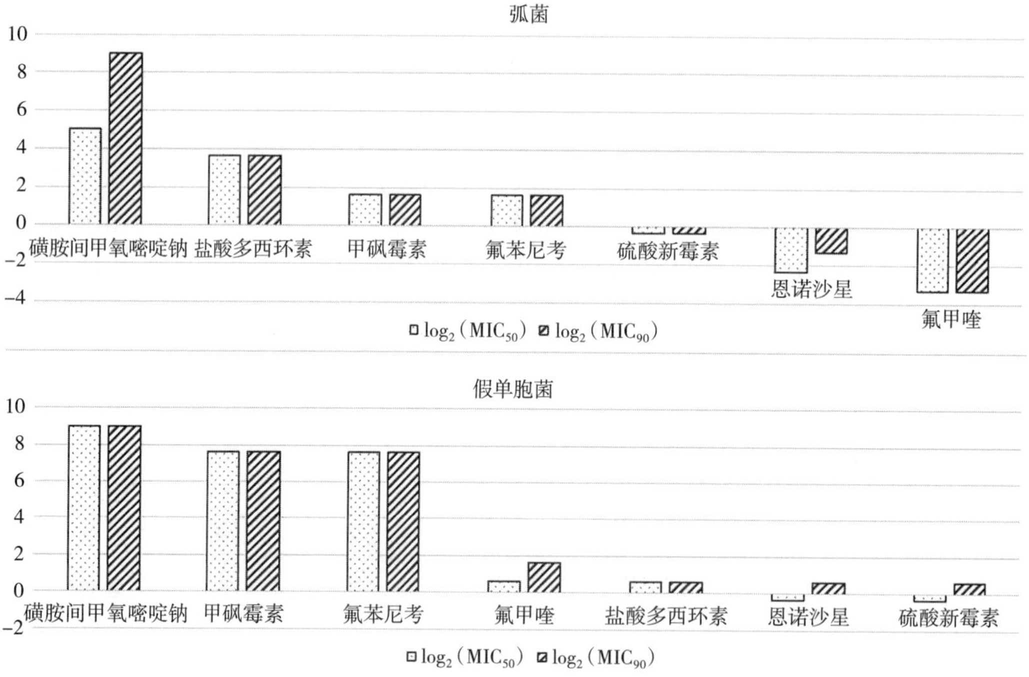

图 34 福建省不同药物对水产养殖动物病原菌的 MIC_{50} 和 MIC_{90} 比较

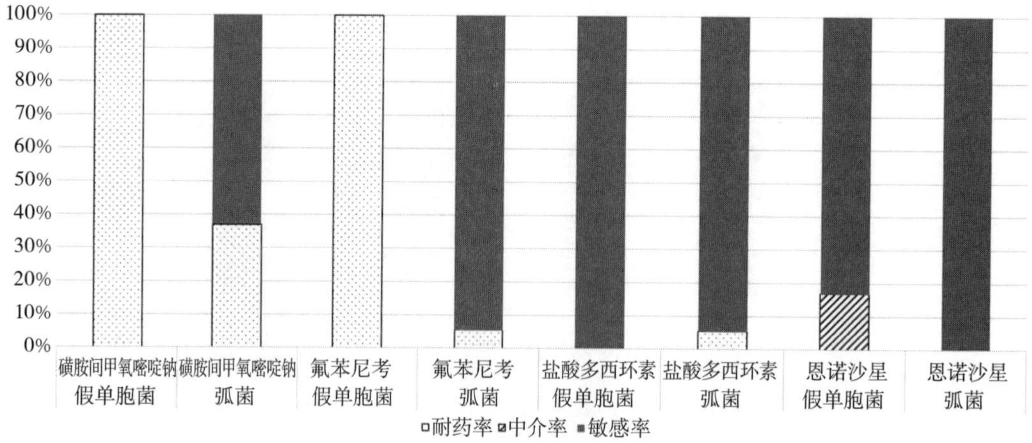

图 35 福建省水产养殖动物病原菌对不同药物的耐药率比较

（12）广东省

2020 年广东省水产养殖耐药性普查工作中从乌鳢、罗非鱼等水产养殖动物体内分离到细菌合计 64 株，其中气单胞菌 32 株，链球菌 32 株。

分别测试了 32 株气单胞菌和 32 株链球菌对恩诺沙星、硫酸新霉素等 7 种/类抗菌药物的耐药性（图 36）。测试结果显示，气单胞菌对磺胺间甲氧嘧啶钠、氟苯尼考、盐酸多西环素和恩诺沙星的耐药水平相对较高，MIC_{90} 均高于耐药临界值。病原菌对磺胺间甲氧嘧啶钠的耐药率最高，为 75%；其次为氟苯尼考，为 37.5%；对其他药物的耐药率均低于 20%（图 37）。各类药物对链球菌的 MIC 均比气单胞菌低。

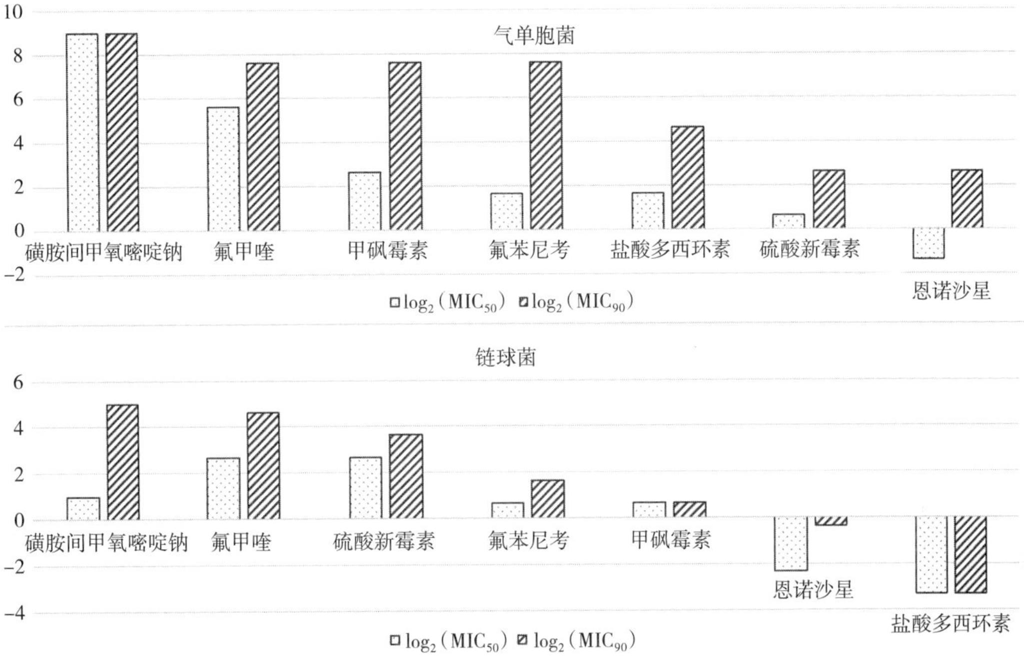

图 36　广东省不同药物对水产养殖动物病原菌的 MIC_{50} 和 MIC_{90} 比较

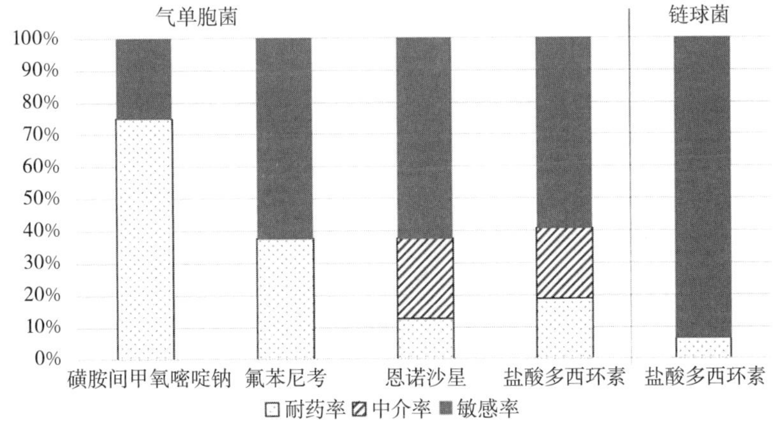

图 37　广东省水产养殖动物病原菌对不同药物的耐药率比较

(13) 广西壮族自治区

2020 年广西壮族自治区水产养殖耐药性普查工作中从罗非鱼体内分离到链球菌共 30 株。

测试了 30 株链球菌对恩诺沙星、硫酸新霉素等 7 种/类抗菌药物的耐药性(图 38)。测试结果显示，所有抗菌药物对链球菌的 MIC 均较低。

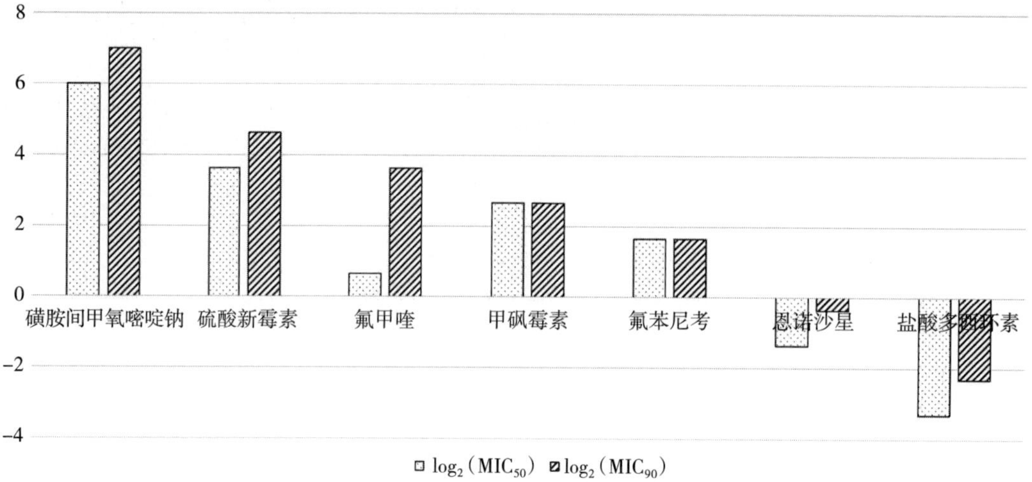

图 38 广西壮族自治区不同药物对水产养殖动物病原菌的 MIC_{50} 和 MIC_{90} 比较

二、主要结论

2020 年全国主要水产养殖区养殖动物病原菌耐药性状况监测结果显示：

(1) 从草鱼、鲫、鲈、罗非鱼等我国主要水产养殖动物及金鱼等观赏鱼类中均分离出具有不同耐药性风险的病原菌，包括气单胞菌、弧菌、假单胞菌、链球菌等，其中假单胞菌和气单胞菌的耐药性风险较高，链球菌的耐药性风险相对较低。

(2) 我国主要水产养殖区水产动物病原菌对恩诺沙星、硫酸新霉素、甲砜霉素、氟苯尼考、盐酸多西环素、氟甲喹、磺胺间甲氧嘧啶钠和磺胺甲噁唑/甲氧苄啶等 8 种国标水产用抗菌药物的耐药性风险水平具有较大的差异性。

①磺胺类药物由于使用时间长等原因，存在较高的耐药性风险；磺胺间甲氧嘧啶钠对气单胞菌、弧菌和假单胞菌的 MIC_{90} 均≥512 μg/mL，达到耐药临界水平。假单胞菌对磺胺间甲氧嘧啶钠的耐药率最高，其次为气单胞菌。

②病原菌对甲砜霉素和氟苯尼考也存在较高耐药性风险；氟苯尼考对气单胞菌和假单胞菌的 MIC_{90} 均≥200 μg/mL，为耐药临界值 25 倍；甲砜霉素对气单胞菌、假单胞菌和弧菌的 MIC_{90} 也均≥200 μg/mL。

③在监测区域内，病原菌对恩诺沙星的耐药性风险较低；恩诺沙星对气单胞菌的 MIC_{90} 较高，为 6.25 μg/mL，略高于耐药临界值；恩诺沙星对其他病原菌的 MIC 均相对较低。

三、相关建议

水产养殖动物病原菌的耐药性是威胁生态文明建设的重要隐患，为扎实推进水产养殖动物耐药性监测工作，切实提升我国水产养殖动物病害防控水平，建议做好如下几方面工作。

1. 扩大耐药性监测区域和范围

扩大耐药性监测区域和范围，可最大限度、更全面地反映我国水产养殖动物病原菌耐药性状况。目前，耐药性监控技术规范尚为空白，导致数据客观性、完整性有待进一步加强。如有些地区监测中未使用标准菌株作为质控对照，增加了横向和纵向比较数据的难度。因此，扩大耐药性监测区域和范围，建立适合我国水产养殖特点的耐药性监测技术规范体系迫在眉睫。

2. 加强水产养殖动物病原菌耐药性监测基础技术研究

各地可结合实际，建立耐药性监测实验室，提升监测人员技术能力及水平。加强水产养殖动物病原菌耐药性监测工作技术交流，开展业务培训和指导，培养和锻炼一支业务能力过硬的耐药性监测人员队伍。借助大数据、云平台等技术手段，建立主要水产养殖区水产养殖动物病原菌耐药性状况数据库，积累原始数据，提升耐药性风险预判和预警能力，为政府部门决策提供依据。

3. 提升病害绿色防控技术水平

针对氟苯尼考等抗菌药物耐药性风险较高的状况，建议在生产实践中倡导“以中药代替化学药品”的理念，鼓励生产实践中使用中草药制剂部分替代化学抗菌药物，在有效降低病害发生概率的同时，提升病害绿色防控技术水平。

4. 加大示范推广适用药物残留快速（现场）检测技术

加大示范推广适合于生产一线使用的药物残留快速（现场）检测技术（如胶体金检测试纸条等），药物残留检测向生产一线（包括种苗、养殖水及尾水等）前置，建立日常初筛技术环节，缩短耐药性状况反馈周期，提升水产技术推广部门耐药性监测工作效率。

地　方　篇

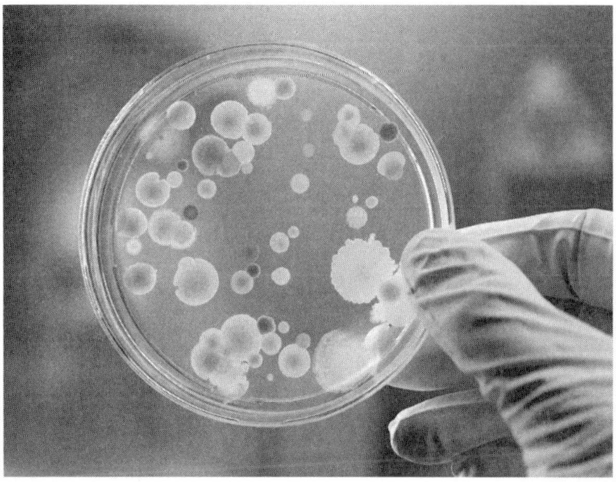

2020 年北京市水产养殖动物病原菌耐药性状况分析

王小亮　张　文　吕晓楠　王　澎
（北京市水产技术推广站）

为了解和掌握水产养殖主要病原菌耐药性情况及其变化规律，指导渔民科学使用水产用抗菌药物，提高细菌性病害防控成效，推动渔业绿色高质量发展，北京地区重点从金鱼养殖品种中分离得到嗜水气单胞菌、温和气单胞菌等病原菌，并测定其对 8 种水产用抗菌药物的敏感性，具体结果如下。

一、材料和方法

1. 样品采集

2020 年 4 月至 10 月，固定每月上旬进行虹鳟样品采集，下旬进行金鱼样品采集，在鱼发病时，及时采集样品。样品采集方法为取游动缓慢的鱼（不少于 5 尾），将其与原池水装入高压聚乙烯袋，加冰块，立即运回实验室。采集样品时，记录养殖场的发病情况、发病水温、用药情况、鱼类死亡情况等信息。

2. 病原菌分离筛选

取样品鱼，无菌操作取肝、肾组织，在脑心浸液琼脂（BHIA）培养基上划线分离病原菌，虹鳟病原菌分离平板置于 22℃培养 72 h，金鱼病原菌分离平板置于 28℃培养 24～48 h，选取优势菌落在 BHIA 平板上纯化。

3. 病原菌鉴定及保存

纯化的菌株采用 API 鉴定系统和/或分子生物学方法进行鉴定。菌株保存采用 BHIA 培养基在适宜温度增殖 16～20 h 后，分装于 2 mL 无菌管中，加灭菌甘油使其含量达 30%，然后冻存于－80 ℃超低温冰箱。

4. 数据统计方法

为便于数据分析，笔者设定了浓度梯度稀释法检测值的耐药标准。恩诺沙星、盐酸多西环素、氟苯尼考设定为≥12.5 μg/mL，硫酸新霉素、氟甲喹、甲砜霉素设定为≥25 μg/mL，磺胺间甲氧嘧啶钠设定为≥128 μg/mL，磺胺甲噁唑/甲氧苄啶设定为≥64/12.8 μg/mL。抑制 50%、90%细菌生长的最小药物浓度（Minimal Inhibit Concentration，MIC_{50}、MIC_{90}）采用软件 SPSS 进行统计分析。

二、药敏测试结果

1. 病原菌分离鉴定总体情况

共分离到 36 株病原菌，其中嗜水气单胞菌 20 株、温和气单胞菌 14 株、腐败希瓦氏菌 2 株，均来源于金鱼。

2. 病原菌耐药性分析

(1) 北京市金鱼源气单胞菌耐药性总体情况

总体上，北京市金鱼源气单胞菌对磺胺甲噁唑/甲氧苄啶的耐药率最高，为 52.8%，MIC_{90}为 130.01/26.00 μg/mL；其次是磺胺间甲氧嘧啶钠、甲砜霉素和氟苯尼考，耐药率分别为 25.0%、22.2%和 22.2%，相应的 MIC_{90}分别为 137.29 μg/mL、89.58μg/mL和 40.67 μg/mL；对恩诺沙星、盐酸多西环素和氟甲喹耐药率较低，耐药率均为 2.8%，MIC_{90}分别为 2.24 μg/mL、3.16 μg/mL 和 29.80 μg/mL；对硫酸新霉素完全不耐受，即最为敏感，MIC_{90}仅为 1.35 μg/mL。详见表 1 至表 3。

表 1 水产养殖动物病原菌对 6 种水产用抗菌药物的感受性分布（n=36）

供试药物	MIC_{50} (μg/mL)	MIC_{90} (μg/mL)	菌株数（株）											
			药物浓度 200 μg/mL	药物浓度 100 μg/mL	药物浓度 50 μg/mL	药物浓度 25 μg/mL	药物浓度 12.5 μg/mL	药物浓度 6.25 μg/mL	药物浓度 3.13 μg/mL	药物浓度 1.56 μg/mL	药物浓度 0.78 μg/mL	药物浓度 0.39 μg/mL	药物浓度 0.20 μg/mL	药物浓度 0.10 μg/mL
恩诺沙星	0.01	2.24					1		1	2	9	8	5	10
硫酸新霉素	0.89	1.35							2	18	12	4		
甲砜霉素	15.43	89.58	7	1				2	2	14	10			
氟苯尼考	5.67	40.67	1	1	5	1			2	2	23	1		
盐酸多西环素	—	3.16					1	2	3	5	3	2	3	17
氟甲喹	—	29.80	1				3	8	3	3	5	1	2	10

表 2 水产养殖动物病原菌对磺胺间甲氧嘧啶钠的感受性分布（n=36）

供试药物	MIC_{50} (μg/mL)	MIC_{90} (μg/mL)	菌株数（株）									
			药物浓度 512 μg/mL	药物浓度 256 μg/mL	药物浓度 128 μg/mL	药物浓度 64 μg/mL	药物浓度 32 μg/mL	药物浓度 16 μg/mL	药物浓度 8 μg/mL	药物浓度 4 μg/mL	药物浓度 2 μg/mL	药物浓度 1 μg/mL
磺胺间甲氧嘧啶钠	70.75	137.29	2	1	6	9	14	4				

表 3 水产养殖动物病原菌对磺胺甲噁唑/甲氧苄啶的感受性分布（n=36）

供试药物	MIC_{50} (μg/mL)	MIC_{90} (μg/mL)	菌株数（株）									
			药物浓度 512/102 μg/mL	药物浓度 256/51.2 μg/mL	药物浓度 128/25.6 μg/mL	药物浓度 64/12.8 μg/mL	药物浓度 32/6.4 μg/mL	药物浓度 16/3.2 μg/mL	药物浓度 8/1.6 μg/mL	药物浓度 4/0.8 μg/mL	药物浓度 2/0.4 μg/mL	药物浓度 1/0.2 μg/mL
磺胺甲噁唑/甲氧苄啶	57.19/11.44	130.01/26.00	2		2	15	8	5	1	2	1	

(2) 不同种类病原菌的耐药性情况

2020 年监测中共分离到嗜水气单胞菌 20 株、温和气单胞菌 14 株。按菌株种类统计其对水产用抗菌药物的耐药率及药物对菌株的 MIC_{90}，结果见表4、图1。从表上和图上直观看，恩诺沙星、甲砜霉素、盐酸多西环素、氟甲喹、磺胺间甲氧嘧啶钠和磺胺甲噁唑/甲氧苄啶对嗜水气单胞菌的 MIC_{90} 低于温和气单胞菌，硫酸新霉素、氟苯尼考对嗜水气单胞菌的 MIC_{90} 高于温和气单胞菌。但方差分析表明，药物对两种菌株的 MIC_{90} 无显著差异（$P>0.05$）。氟甲喹对温和气单胞菌的 MIC_{90} 高于嗜水气单胞菌，这是由于氟甲喹对个别温和气单胞菌的 MIC 较高，拉高了药物对温和气单胞菌的 MIC_{90}。

表4　不同种类病原菌的耐药率及药物对菌株的 MIC_{90}

药物名称	MIC_{90}（μg/mL）		耐药率（%）	
	嗜水气单胞菌	温和气单胞菌	嗜水气单胞菌	温和气单胞菌
恩诺沙星	1.10	3.55	0	7.1
硫酸新霉素	1.36	1.21	0	0
甲砜霉素	93.45	96.50	25.0	21.4
氟苯尼考	47.93	33.11	25.0	21.4
盐酸多西环素	2.17	4.34	0	7.1
氟甲喹	4.72	49.80	0	7.1
磺胺间甲氧嘧啶钠	139.60	142.92	30.0	21.4
磺胺甲噁唑/甲氧苄啶	127.27/25.45	138.32/27.66	60.0	50.0

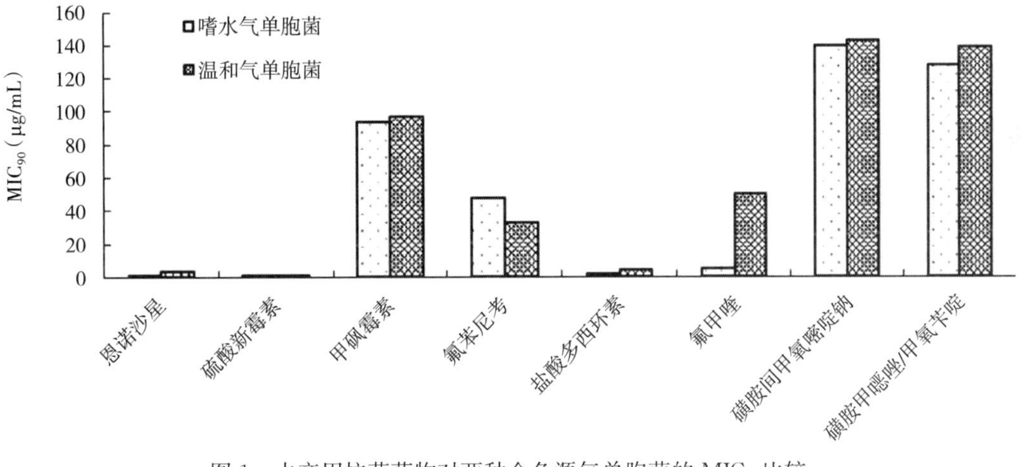

图1　水产用抗菌药物对两种金鱼源气单胞菌的 MIC_{90} 比较

①嗜水气单胞菌对抗菌药物的感受性

检测的20株嗜水气单胞菌对各水产用抗菌药物的感受性分布情况见表5至表7。

从表上可看出，恩诺沙星对嗜水气单胞菌的 MIC_{90} 均在1.56 μg/mL以下；硫酸新霉素对嗜水气单胞菌的 MIC_{90} 主要集中在0.39～3.13 μg/mL；甲砜霉素对25%的菌株的 MIC_{90} 在100 μg/mL以上，对其余菌株的 MIC_{90} 分布于0.78～3.13 μg/mL；氟苯尼考的 MIC_{90} 分布较散，1株在200 μg/mL以上，4株分布于25～50 μg/mL，剩下15株分布于0.78～3.13 μg/mL；盐酸多西环素对40%的菌株的 MIC_{90} 分布在0.78～6.25 μg/mL，对

60%的菌株的 MIC_{90} 在 0.2 μg/mL 以下；氟甲喹对 65%的菌株的 MIC_{90} 在 0.78～12.5 μg/mL，对 35%的菌株的 MIC_{90} 在 0.2 μg/mL 以下；磺胺间甲氧嘧啶钠对菌株的 MIC_{90} 主要集中在 16～128 μg/mL；磺胺甲噁唑/甲氧苄啶对菌株的 MIC_{90} 除 1 株为 256/51.2 μg/mL 外，其他介于 8/1.6～128/25.6 μg/mL。

表 5 嗜水气单胞菌对 6 种水产用抗菌药物的感受性分布表（n=20）

供试药物	MIC_{50} (μg/mL)	MIC_{90} (μg/mL)	菌株数（株）											
			药物浓度 200 μg/mL	药物浓度 100 μg/mL	药物浓度 50 μg/mL	药物浓度 25 μg/mL	药物浓度 12.5 μg/mL	药物浓度 6.25 μg/mL	药物浓度 3.13 μg/mL	药物浓度 1.56 μg/mL	药物浓度 0.78 μg/mL	药物浓度 0.39 μg/mL	药物浓度 0.20 μg/mL	药物浓度 0.10 μg/mL
恩诺沙星	0.33	1.10								2	4	5	4	5
硫酸新霉素	0.93	1.36							1	11	7	1		
甲砜霉素	18.85	93.45	4	1					1	12	2			
氟苯尼考	6.32	47.93	1		3	1			1		14			
盐酸多西环素	—	2.17						1	2	2	3		1	11
氟甲喹	1.22	4.72					1	4	2	3	3		2	5

表 6 嗜水气单胞菌对磺胺间甲氧嘧啶钠的感受性分布表（n=20）

供试药物	MIC_{50} (μg/mL)	MIC_{90} (μg/mL)	菌株数（株）									
			药物浓度 512 μg/mL	药物浓度 256 μg/mL	药物浓度 128 μg/mL	药物浓度 64 μg/mL	药物浓度 32 μg/mL	药物浓度 16 μg/mL	药物浓度 8 μg/mL	药物浓度 4 μg/mL	药物浓度 2 μg/mL	药物浓度 1 μg/mL
磺胺间甲氧嘧啶钠	72.63	139.60	1	1	4	5	6	3				

表 7 嗜水气单胞菌对磺胺甲噁唑/甲氧苄啶的感受性分布表（n=20）

供试药物	MIC_{50} (μg/mL)	MIC_{90} (μg/mL)	菌株数（株）									
			药物浓度 512/102 μg/mL	药物浓度 256/51.2 μg/mL	药物浓度 128/25.6 μg/mL	药物浓度 64/12.8 μg/mL	药物浓度 32/6.4 μg/mL	药物浓度 16/3.2 μg/mL	药物浓度 8/1.6 μg/mL	药物浓度 4/0.8 μg/mL	药物浓度 2/0.4 μg/mL	药物浓度 1/0.2 μg/mL
磺胺甲噁唑/甲氧苄啶	63.13/12.62	127.27/25.45	1		2	9	4	3	1			

②温和气单胞菌对水产用抗菌药物的感受性

检测了 14 株温和气单胞菌对水产用抗菌药物的感受性，结果见表 8 至表 10。

从表中可看出，恩诺沙星对温和气单胞菌的 MIC_{90} 主要集中在 0.78 μg/mL 以下；硫酸新霉素对菌株的 MIC_{90} 集中在 0.39～3.13 μg/mL；甲砜霉素对菌株的 MIC_{90} 除 3 株在 200 μg/mL 以上外，其他介于 0.78～3.13 μg/mL；氟苯尼考对菌株的 MIC_{90} 有 3 株在 50 μg/mL 以上，其他介于 0.39 至 3.13 μg/mL；盐酸多西环素对菌株的 MIC_{90} 在 0.39 μg/mL 以下和 1.56～12.5 μg/mL 两个区间；氟甲喹对菌株的 MIC_{90} 除 1 株为 200 μg/mL 以

上外，其他为 0.1 μg/mL 以下、0.39～0.78 μg/mL 和 3.13～12.5 μg/mL 三个区间；磺胺间甲氧嘧啶钠对菌株的 MIC_{90} 除 1 株在 512 μg/mL 以上外，其他集中在 32～128 μg/mL；磺胺甲噁唑/甲氧苄啶对菌株的 MIC_{90} 除 1 株为≥512/102 μg/mL 外，其他主要介于 16/3.2～64/12.8 μg/mL。

表 8　温和气单胞菌对 6 种水产用抗菌药物的感受性分布表（n=14）

供试药物	MIC_{50} (μg/mL)	MIC_{90} (μg/mL)	菌株数（株）											
			药物浓度 200 μg/mL	药物浓度 100 μg/mL	药物浓度 50 μg/mL	药物浓度 25 μg/mL	药物浓度 12.5 μg/mL	药物浓度 6.25 μg/mL	药物浓度 3.13 μg/mL	药物浓度 1.56 μg/mL	药物浓度 0.78 μg/mL	药物浓度 0.39 μg/mL	药物浓度 0.20 μg/mL	药物浓度 0.10 μg/mL
恩诺沙星	0.36	3.55					1		1		5	3	1	3
硫酸新霉素	0.93	1.40							1	7	5	1		
甲砜霉素	8.55	96.50	3						1	2	8			
氟苯尼考	4.43	33.11		1	2					1	9	1		
盐酸多西环素	0.40	4.34					1	1	1	3		2	2	4
氟甲喹	4.11	49.80	1				2	4	1		2	1		3

表 9　温和气单胞菌对磺胺间甲氧嘧啶钠的感受性分布表（n=14）

供试药物	MIC_{50} (μg/mL)	MIC_{90} (μg/mL)	菌株数（株）									
			药物浓度 512 μg/mL	药物浓度 256 μg/mL	药物浓度 128 μg/mL	药物浓度 64 μg/mL	药物浓度 32 μg/mL	药物浓度 16 μg/mL	药物浓度 8 μg/mL	药物浓度 4 μg/mL	药物浓度 2 μg/mL	药物浓度 1 μg/mL
磺胺间甲氧嘧啶钠	74.59	142.92	1		2	4	7					

表 10　温和气单胞菌对磺胺甲噁唑/甲氧苄啶的感受性分布表（n=14）

供试药物	MIC_{50} (μg/mL)	MIC_{90} (μg/mL)	菌株数（株）									
			药物浓度 512/102 μg/mL	药物浓度 256/51.2 μg/mL	药物浓度 128/25.6 μg/mL	药物浓度 64/12.8 μg/mL	药物浓度 32/6.4 μg/mL	药物浓度 16/3.2 μg/mL	药物浓度 8/1.6 μg/mL	药物浓度 4/0.8 μg/mL	药物浓度 2/0.4 μg/mL	药物浓度 1/0.2 μg/mL
磺胺甲噁唑/甲氧苄啶	61.54/12.31	138.32/27.66	1			6	4	2		1		

3. 病原菌耐药性的年度变化情况

比较水产用抗菌药物对 2019 年、2020 年北京市鱼源病原菌的 MIC_{90}（表 11、图 2），结果发现：与 2019 年相比，2020 年氟甲喹对分离菌株的 MIC_{90} 显著降低了，MIC_{90} 从 185.36 μg/mL 下降到了 29.80 μg/mL；2020 年硫酸新霉素和盐酸多西环素对分离菌株的 MIC_{90} 也有所下降；2020 年恩诺沙星、甲砜霉素、氟苯尼考、磺胺间甲氧嘧啶钠、磺胺甲噁唑/甲氧苄啶对分离菌株的 MIC_{90} 有所增高。

表 11 水产用抗菌药物对北京市 2019 年和 2020 年鱼源病原菌的 MIC_{90} 及菌株耐药率

药物名称	MIC_{90}（μg/mL）		耐药率（%）	
	2019 年	2020 年	2019 年	2020 年
恩诺沙星	0.88	2.24	0	2.8
硫酸新霉素	4.87	1.35	0	0
甲砜霉素	55.45	89.58	22.5	22.2
氟苯尼考	17.72	40.67	10.0	22.2
盐酸多西环素	6.00	3.16	10.0	2.8
氟甲喹	185.36	29.80	100.0	2.8
磺胺间甲氧嘧啶钠	105.64	137.29	17.5	25.0
磺胺甲噁唑/甲氧苄啶	98.70/19.78	130.01/26.00	17.5	52.8

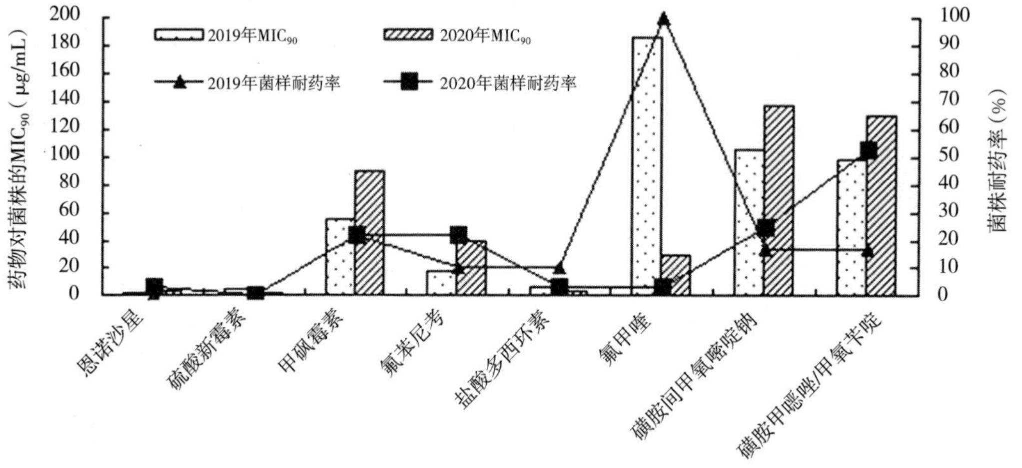

图 2 水产用抗菌药物对 2019 年和 2020 年鱼源病原菌的 MIC_{90} 比较

三、分析与建议

（1）磺胺间甲氧嘧啶钠、磺胺甲噁唑/甲氧苄啶等磺胺类药物仍是目前金鱼源气单胞菌最为耐受的药物，因此，不建议继续在养殖生产上使用。但与前几年相比，菌株的耐药率和耐药浓度呈现明显降低的趋势，这可能与生产上使用量减少有直接关系。

（2）金鱼源气单胞菌对甲砜霉素、氟苯尼考等酰胺醇类药物的耐药率和耐药浓度较前几年有明显的升高，并出现了一些耐受浓度较高的菌株。氟苯尼考和甲砜霉素均属于剂量依赖性药物，使用过程中很容易使病原菌短时间内产生较高的耐药性，因此，建议使用这类药物时给足剂量，并与其他药物轮流使用，以延长该类药物的使用间隔时间。

（3）金鱼源气单胞菌对恩诺沙星、盐酸多西环素和硫酸新霉素的耐受浓度、耐受率最低，也就是对这些药物最为敏感。这与往年的检测结果基本一致，说明这些药物可继续作为生产上治疗细菌性疾病的首选药物。

（4）连续监测发现，不同时间、不同地区、不同鱼类、不同种类的病原菌，甚至同种病原菌的不同菌株对水产用抗菌药物的感受性都不相同。然而，对于从用药和生产方式相同的金鱼养殖场分离到的气单胞菌，水产用抗菌药物对其 MIC_{90} 及菌株随药物浓度的分布特征具有相似性。

2020年天津市水产养殖动物病原菌耐药性状况分析

王　禹　赵良炜　韩进刚　徐赟霞
（天津市动物疫病预防控制中心）

为了解天津市主要水产病原菌对药物的感受性变化规律，指导渔民科学使用水产用抗菌药物，提高细菌性病害防控成效，推动渔业绿色高质量发展，天津市动物疫病预防控制中心于2020年4—10月从天津市宝坻区八门城镇养殖场、宁河区南淮淀地区人工养殖鲤和鲫发病鱼体内分离到嗜水气单胞菌、温和气单胞菌、维氏气单胞菌等病原菌，并测定了其对8种水产用抗菌药物的敏感性，具体结果如下。

一、材料与方法

1. 样品采集

2020年4—10月在宝坻区八门城镇、宁河区南淮淀地区采集人工养殖鲤、鲫样品，在鱼发病时及时采集样品。采集游动缓慢、濒临死亡的病鱼，注原池水并充氧，立即运回实验室。在采集样品的同时要记录养殖场的发病情况、死亡率、发病水温、溶解氧、用药情况等相关信息。

2. 病原菌分离筛选

在无菌条件下，取病鱼肝脏、脾脏、肾脏组织在脑心浸液琼脂（BHIA）划线分离后将培养皿至于恒温培养箱中，于（28±1）℃培养24 h后，挑取单菌落，划线接种于营养琼脂（NA）平板，纯化后备用。

3. 病原菌鉴定及保存

纯化的菌株采用VITEK 2 Compact全自动细菌鉴定系统及分子生物学方法进行鉴定。菌株接种于胰蛋白胨大豆肉汤（TSB）增殖16～20 h后，分装于加入灭菌甘油（最终甘油含量达25%）的2 mL冻存管中，冻存于−80 ℃超低温冰箱内。

二、药敏测试结果

1. 病原菌分离鉴定总体情况

2020年4—10月分别从天津市宝坻区八门城镇养殖场、宁河区南淮淀地区人工养殖鲤、鲫发病鱼体内共分离出气单胞菌53株，其中嗜水气单胞菌22株，温和气单胞菌18株，维氏气单胞菌11株、豚鼠气单胞菌2株（图1）。

2. 病原菌耐药性分析

（1）气单胞菌耐药性总体情况

分离出的53株气单胞菌对硫酸新霉素、盐酸多西环素、恩诺沙星比较敏感，MIC_{90}分别为3.10 μg/mL、4.76 μg/mL、7.87 μg/mL；其次是氟甲喹、氟苯尼考，MIC_{90}分别为19.02

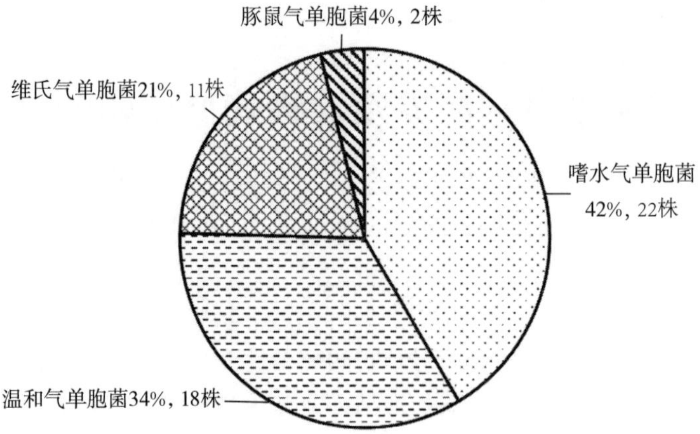

图 1　分离病原菌分类统计

μg/mL、114.03 μg/mL，说明菌株对磺胺类药物比较耐受。具体结果见表 1 至表 3 以及图 2。

表 1　病原菌对 6 水产用抗菌药物的感受性分布（n=53）

供试药物	MIC50 (μg/mL)	MIC90 (μg/mL)	菌株数（株）											
			药物浓度 200 μg/mL	药物浓度 100 μg/mL	药物浓度 50 μg/mL	药物浓度 25 μg/mL	药物浓度 12.5 μg/mL	药物浓度 6.25 μg/mL	药物浓度 3.13 μg/mL	药物浓度 1.56 μg/mL	药物浓度 0.78 μg/mL	药物浓度 0.39 μg/mL	药物浓度 0.20 μg/mL	药物浓度 0.10 μg/mL
恩诺沙星	0.011	7.87				6	2	6		6	9	3	7	14
硫酸新霉素	1.31	3.10						7	13	21	10	2		
甲砜霉素	14.59	200.00	18	1	1	1	4		10	16	2			
氟苯尼考	4.33	114.03	10	3			1	2	3	24	10			
盐酸多西环素	0.244	4.756	2				1	3	6	3	8	12	13	5
氟甲喹	0.636	19.022	1			9	5	1	2	8	3	6	4	14

表 2　病原菌对磺胺间甲氧嘧啶钠的感受性分布（n=53）

供试药物	MIC50 (μg/mL)	MIC90 (μg/mL)	菌株数（株）									
			药物浓度 512 μg/mL	药物浓度 256 μg/mL	药物浓度 128 μg/mL	药物浓度 64 μg/mL	药物浓度 32 μg/mL	药物浓度 16 μg/mL	药物浓度 8 μg/mL	药物浓度 4 μg/mL	药物浓度 2 μg/mL	药物浓度 1 μg/mL
磺胺间甲氧嘧啶钠	438.997	512	29	13	2	5	4					

表 3　病原菌对磺胺甲噁唑/甲氧苄啶的感受性分布（n=53）

供试药物	MIC50 (μg/mL)	MIC90 (μg/mL)	菌株数（株）									
			药物浓度 512/102 μg/mL	药物浓度 256/51.2 μg/mL	药物浓度 128/25.6 μg/mL	药物浓度 64/12.8 μg/mL	药物浓度 32/6.4 μg/mL	药物浓度 16/3.2 μg/mL	药物浓度 8/1.6 μg/mL	药物浓度 4/0.8 μg/mL	药物浓度 2/0.4 μg/mL	药物浓度 1/0.2 μg/mL
磺胺甲噁唑/甲氧苄啶	237.96/47.52	512/102	19	18	7	8	1					

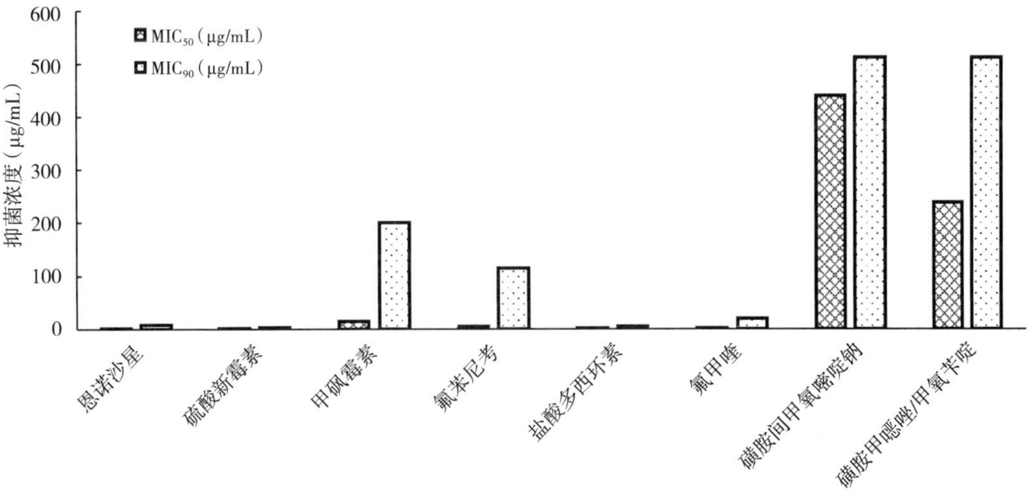

图 2 天津地区气单胞菌耐药性情况

（2）不同种类气单胞菌对水产用抗菌药物的感受性

①嗜水气单胞菌对水产用抗菌药物的感受性

22 株嗜水气单胞菌对各种水产用抗菌药物的感受性测定结果见表 4 至表 6、图 3，嗜水气单胞菌对恩诺沙星、硫酸新霉素、盐酸多西环素、氟甲喹较为敏感。

表 4 嗜水气单胞菌对 6 种水产用抗菌药物的感受性分布（*n*=22）

供试药物	MIC_{50}（μg/mL）	MIC_{90}（μg/mL）	菌株数（株）											
			药物浓度 200 μg/mL	药物浓度 100 μg/mL	药物浓度 50 μg/mL	药物浓度 25 μg/mL	药物浓度 12.5 μg/mL	药物浓度 6.25 μg/mL	药物浓度 3.13 μg/mL	药物浓度 1.56 μg/mL	药物浓度 0.78 μg/mL	药物浓度 0.39 μg/mL	药物浓度 0.20 μg/mL	药物浓度 0.10 μg/mL
恩诺沙星	0.080	1.637					1	1		2	2	2	1	13
硫酸新霉素	0.953	2.034						1	3	9	8	1		
甲砜霉素	12.625	200.00	6	1	1		2		7	5				
氟苯尼考	2.936	33.56	2	1			1	1	3	12	2			
盐酸多西环素	0.359	2.085	2					1			4	7	6	2
氟甲喹	0.025	6.234	1				1		1	1	2	2	1	13

表 5 嗜水气单胞菌对磺胺间甲氧嘧啶钠的感受性分布（*n*=22）

供试药物	MIC_{50}（μg/mL）	MIC_{90}（μg/mL）	菌株数（株）									
			药物浓度 512 μg/mL	药物浓度 256 μg/mL	药物浓度 128 μg/mL	药物浓度 64 μg/mL	药物浓度 32 μg/mL	药物浓度 16 μg/mL	药物浓度 8 μg/mL	药物浓度 4 μg/mL	药物浓度 2 μg/mL	药物浓度 1 μg/mL
磺胺间甲氧嘧啶钠	326.34	512	11	7	2	3	1					

表 6　嗜水气单胞菌对磺胺甲噁唑/甲氧苄啶的感受性分布（*n*＝22）

供试药物	MIC50（μg/mL）	MIC90（μg/mL）	菌株数（株）									
			药物浓度 512/102 μg/mL	药物浓度 256/51.2 μg/mL	药物浓度 128/25.6 μg/mL	药物浓度 64/12.8 μg/mL	药物浓度 32/6.4 μg/mL	药物浓度 16/3.2 μg/mL	药物浓度 8/1.6 μg/mL	药物浓度 4/0.8 μg/mL	药物浓度 2/0.4 μg/mL	药物浓度 1/0.2 μg/mL
磺胺甲噁唑/甲氧苄啶	277.44/55.39	512/102	9	7	3	3						

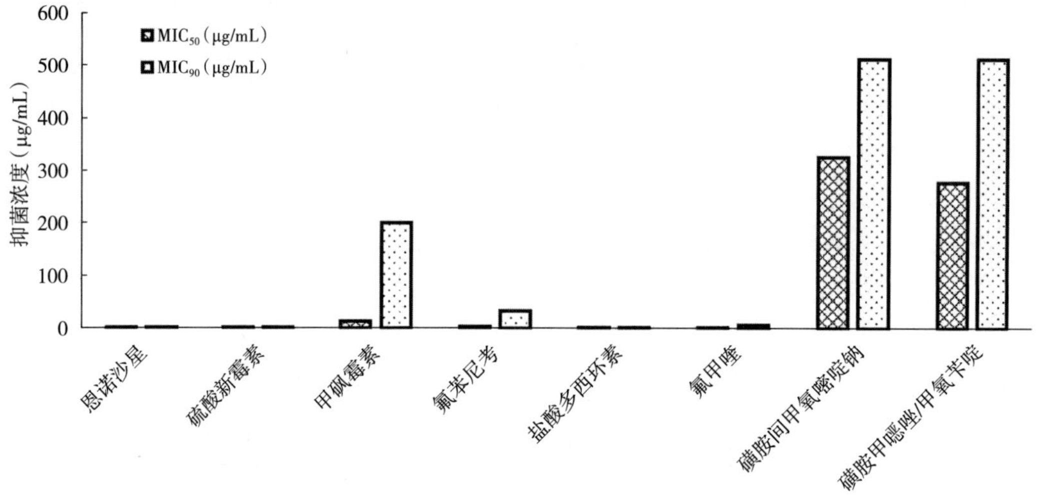

图 3　嗜水气单胞菌对 8 种水产用抗菌药物耐药性情况

②温和气单胞菌对水产用抗菌药物的感受性

18 株温和气单胞菌对各种水产用抗菌药物感受性测定结果如表 7 至表 9、图 4 所示。温和气单胞菌主要对盐酸多西环素、硫酸新霉素、恩诺沙星较为敏感。

表 7　温和气单胞菌对 6 种水产用抗菌药物的感受性分布（*n*＝18）

供试药物	MIC50（μg/mL）	MIC90（μg/mL）	菌株数（株）											
			药物浓度 200 μg/mL	药物浓度 100 μg/mL	药物浓度 50 μg/mL	药物浓度 25 μg/mL	药物浓度 12.5 μg/mL	药物浓度 6.25 μg/mL	药物浓度 3.13 μg/mL	药物浓度 1.56 μg/mL	药物浓度 0.78 μg/mL	药物浓度 0.39 μg/mL	药物浓度 0.20 μg/mL	药物浓度 0.10 μg/mL
恩诺沙星	0.752	7.944				2		4		2	3	1	5	1
硫酸新霉素	1.630	3.219						3	5	9	1			
甲砜霉素	6.212	148.09	4			1	2		2	7	2			
氟苯尼考	2.510	58.524	3					1		8	6			
盐酸多西环素	0.374	2.072					1		1	3	3	4	4	2
氟甲喹	1.717	13.567				4	1	1		5	1	2	3	1

表 8　温和气单胞菌对磺胺间甲氧嘧啶钠的感受性分布（n=18）

供试药物	MIC$_{50}$（μg/mL）	MIC$_{90}$（μg/mL）	菌株数（株）									
			药物浓度 512 μg/mL	药物浓度 256 μg/mL	药物浓度 128 μg/mL	药物浓度 64 μg/mL	药物浓度 32 μg/mL	药物浓度 16 μg/mL	药物浓度 8 μg/mL	药物浓度 4 μg/mL	药物浓度 2 μg/mL	药物浓度 1 μg/mL
磺胺间甲氧嘧啶钠	230.39	512	7	5	2	1	3					

表 9　温和气单胞菌对磺胺甲噁唑/甲氧苄啶的感受性分布（n=18）

供试药物	MIC$_{50}$（μg/mL）	MIC$_{90}$（μg/mL）	菌株数（株）									
			药物浓度 512/102 μg/mL	药物浓度 256/51.2 μg/mL	药物浓度 128/25.6 μg/mL	药物浓度 64/12.8 μg/mL	药物浓度 32/6.4 μg/mL	药物浓度 16/3.2 μg/mL	药物浓度 8/1.6 μg/mL	药物浓度 4/0.8 μg/mL	药物浓度 2/0.4 μg/mL	药物浓度 1/0.2 μg/mL
磺胺甲噁唑/甲氧苄啶	168.04/33.57	512/102	5	5	3	4	1					

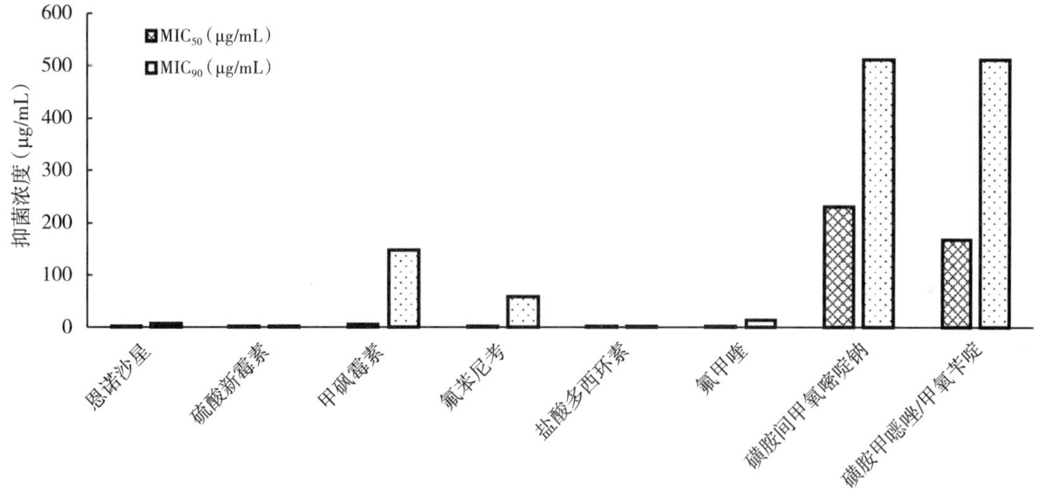

图 4　温和气单胞菌对 8 种药物耐药性情况

③维氏气单胞菌对水产用抗菌药物的感受性

11 株维氏气单胞菌对各种水产用抗菌药物的感受性测定结果如表 10 至表 12、图 5 所示。维氏气单胞菌对硫酸新霉素、盐酸多西环素、恩诺沙星较为敏感。

表 10　维氏气单胞菌对 6 种水产用抗菌药物的感受性分布（n=11）

供试药物	MIC$_{50}$（μg/mL）	MIC$_{90}$（μg/mL）	菌株数（株）											
			药物浓度 200 μg/mL	药物浓度 100 μg/mL	药物浓度 50 μg/mL	药物浓度 25 μg/mL	药物浓度 12.5 μg/mL	药物浓度 6.25 μg/mL	药物浓度 3.13 μg/mL	药物浓度 1.56 μg/mL	药物浓度 0.78 μg/mL	药物浓度 0.39 μg/mL	药物浓度 0.20 μg/mL	药物浓度 0.10 μg/mL
恩诺沙星	2.056	16.967				3	1	1		1	4		1	
硫酸新霉素	1.808	3.687						2	5	3	1			

（续）

供试药物	MIC_{50} (μg/mL)	MIC_{90} (μg/mL)	菌株数（株）											
			药物浓度 200 μg/mL	药物浓度 100 μg/mL	药物浓度 50 μg/mL	药物浓度 25 μg/mL	药物浓度 12.5 μg/mL	药物浓度 6.25 μg/mL	药物浓度 3.13 μg/mL	药物浓度 1.56 μg/mL	药物浓度 0.78 μg/mL	药物浓度 0.39 μg/mL	药物浓度 0.20 μg/mL	药物浓度 0.10 μg/mL
甲砜霉素	56.026	200	6						1	4				
氟苯尼考	15.132	200	4	1						4	2			
盐酸多西环素	0.718	4.498						2	4		1	1	2	1
氟甲喹	4.792	26.799				4	3		1	2		1		

表 11　维氏气单胞菌对磺胺间甲氧嘧啶钠的感受性分布（n=11）

供试药物	MIC_{50} (μg/mL)	MIC_{90} (μg/mL)	菌株数（株）									
			药物浓度 512 μg/mL	药物浓度 256 μg/mL	药物浓度 128 μg/mL	药物浓度 64 μg/mL	药物浓度 32 μg/mL	药物浓度 16 μg/mL	药物浓度 8 μg/mL	药物浓度 4 μg/mL	药物浓度 2 μg/mL	药物浓度 1 μg/mL
磺胺间甲氧嘧啶钠	512	512	9	1		1						

表 12　维氏气单胞菌对磺胺甲噁唑/甲氧苄啶的感受性分布（n=11）

供试药物	MIC_{50} (μg/mL)	MIC_{90} (μg/mL)	菌株数（株）									
			药物浓度 512/102 μg/mL	药物浓度 256/51.2 μg/mL	药物浓度 128/25.6 μg/mL	药物浓度 64/12.8 μg/mL	药物浓度 32/6.4 μg/mL	药物浓度 16/3.2 μg/mL	药物浓度 8/1.6 μg/mL	药物浓度 4/0.8 μg/mL	药物浓度 2/0.4 μg/mL	药物浓度 1/0.2 μg/mL
磺胺甲噁唑/甲氧苄啶	272.51/54.41	512/102	4	5	1	1						

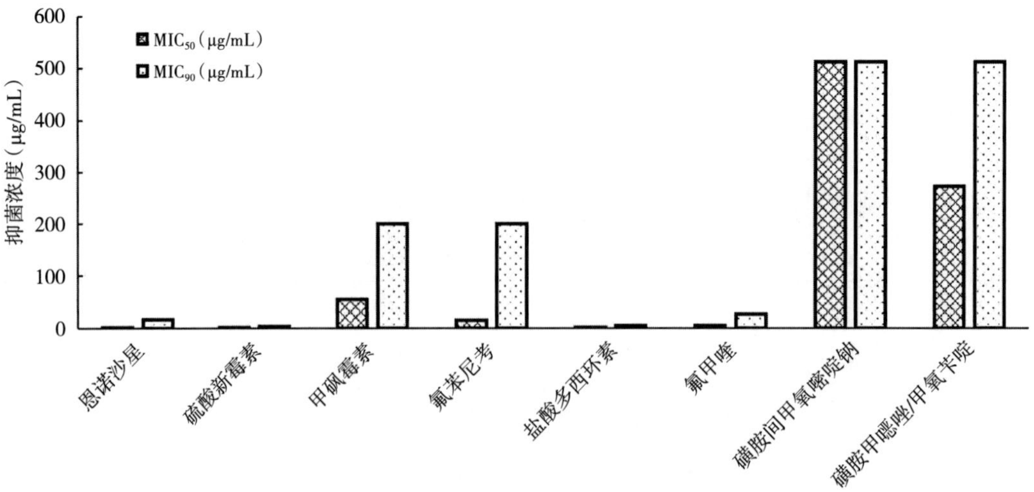

图 5　维氏气单胞菌对 8 种水产用抗菌药物耐药性情况

④豚鼠气单胞菌对水产用抗菌药物的感受性

2 株豚鼠气单胞菌对各种水产用抗菌药物的感受性测定结果如表 13 至表 15 所示。

表 13　豚鼠气单胞菌对 6 种水产用抗菌药物的感受性分布（$n=2$）

供试药物	菌株数（株）											
	药物浓度 200 μg/mL	药物浓度 100 μg/mL	药物浓度 50 μg/mL	药物浓度 25 μg/mL	药物浓度 12.5 μg/mL	药物浓度 6.25 μg/mL	药物浓度 3.13 μg/mL	药物浓度 1.56 μg/mL	药物浓度 0.78 μg/mL	药物浓度 0.39 μg/mL	药物浓度 0.20 μg/mL	药物浓度 0.10 μg/mL
恩诺沙星				1				1				
硫酸新霉素						1				1		
甲砜霉素	2											
氟苯尼考	1	1										
盐酸多西环素							1				1	
氟甲喹				1						1		

表 14　豚鼠气单胞菌对磺胺间甲氧嘧啶钠的感受性分布（$n=2$）

供试药物	菌株数（株）									
	药物浓度 512 μg/mL	药物浓度 256 μg/mL	药物浓度 128 μg/mL	药物浓度 64 μg/mL	药物浓度 32 μg/mL	药物浓度 16 μg/mL	药物浓度 8 μg/mL	药物浓度 4 μg/mL	药物浓度 2 μg/mL	药物浓度 1 μg/mL
磺胺间甲氧嘧啶钠	2									

表 15　豚鼠气单胞菌对磺胺甲嘧唑/甲氧苄啶的感受性分布（$n=2$）

供试药物	菌株数（株）									
	药物浓度 512/102 μg/mL	药物浓度 256/51.2 μg/mL	药物浓度 128/25.6 μg/mL	药物浓度 64/12.8 μg/mL	药物浓度 32/6.4 μg/mL	药物浓度 16/3.2 μg/mL	药物浓度 8/1.6 μg/mL	药物浓度 4/0.8 μg/mL	药物浓度 2/0.4 μg/mL	药物浓度 1/0.2 μg/mL
磺胺甲嘧唑/甲氧苄啶	1	1								

（3）不同种类气单胞菌对抗菌药物耐药性比较

2020 年监测共分离出嗜水气单胞菌 22 株、温和气单胞菌 18 株、维氏气单胞菌 11 株。按菌株种类统计所检测药物的 MIC_{50} 和 MIC_{90}，结果见表 16、图 6、图 7。恩诺沙星、硫酸新霉素、盐酸多西环素、氟甲喹对 3 种气单胞菌的 MIC_{50} 基本一致，甲砜霉素、磺胺间甲氧嘧啶钠对维氏气单胞菌的 MIC_{50} 明显高于嗜水气单胞菌和温和气单胞菌。恩诺沙星、硫酸新霉素、盐酸多西环素、磺胺间甲氧嘧啶钠、磺胺甲嘧唑/甲氧苄啶对 3 种气单胞菌的 MIC_{90} 基本一致，氟苯尼考对维氏气单胞菌的 MIC_{90} 明显高于嗜水气单胞菌和温和气单胞菌。

表 16　水产用抗菌药物对不同种类病原菌的 MIC_{50} 和 MIC_{90}

药物名称	MIC_{50}（μg/mL）			MIC_{90}（μg/mL）		
	嗜水气单胞菌	温和气单胞菌	维氏气单胞菌	嗜水气单胞菌	温和气单胞菌	维氏气单胞菌
恩诺沙星	0.080	0.752	2.056	1.637	7.944	16.967
硫酸新霉素	0.953	1.630	1.808	2.034	3.219	3.687
甲砜霉素	12.625	6.212	56.026	200.00	148.095	200
氟苯尼考	2.936	2.510	15.132	33.56	58.524	200
盐酸多西环素	0.359	0.374	0.718	2.085	2.072	4.498
氟甲喹	0.025	1.717	4.792	6.234	13.567	26.799
磺胺间甲氧嘧啶钠	326.34	230.391	512	512	512	512
磺胺甲噁唑/甲氧苄啶	277.44/55.39	168.04/33.572	272.51/54.41	512/102	512/102	512/102

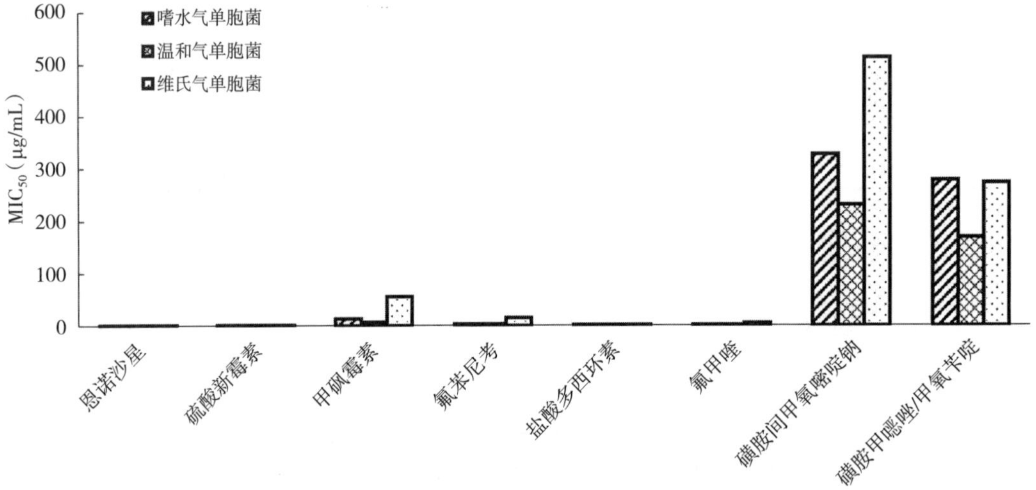

图 6　水产用抗菌药物对 3 种气单胞菌的 MIC_{50} 比较

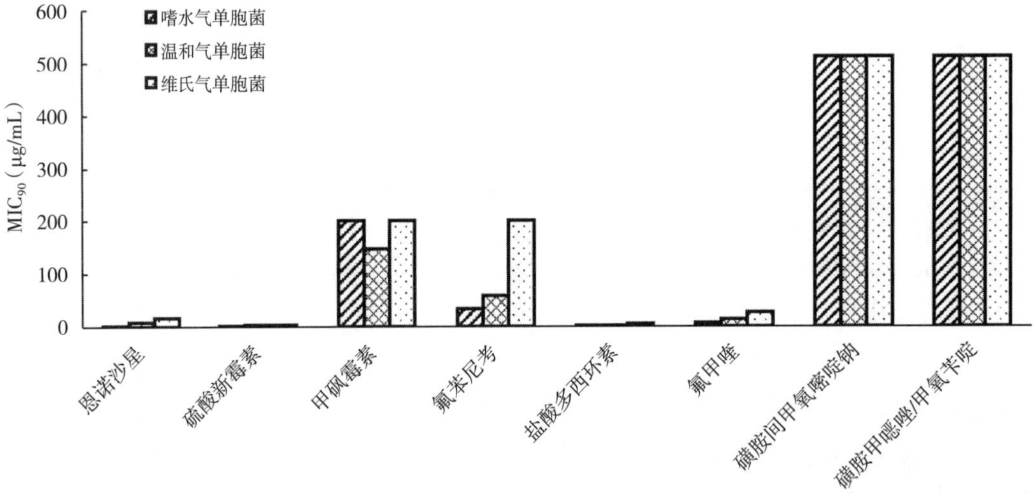

图 7　水产用抗菌药物对 3 种气单胞菌的 MIC_{90} 比较

3. 耐药性变化情况

将 2019 年和 2020 年宝坻、宁河两区水产用抗菌药物对鱼源气单胞菌的 MIC_{50}、MIC_{90}进行比较，结果见图 8、图 9。从图中可以看出 2020 年氟甲喹对气单胞菌的 MIC_{50}较 2019 年有明显的下降；而 2020 年磺胺间甲氧嘧啶钠、磺胺甲噁唑/甲氧嘧啶对气单胞菌的 MIC_{50}比 2019 年明显升高，其他药物无明显变化。2020 年甲砜霉素、氟苯尼考对气单胞菌的 MIC_{90}较 2019 年明显升高；而 2020 年氟甲喹对气单胞菌的 MIC_{90}较 2019 年有明显的下降，其余药物无明显变化。

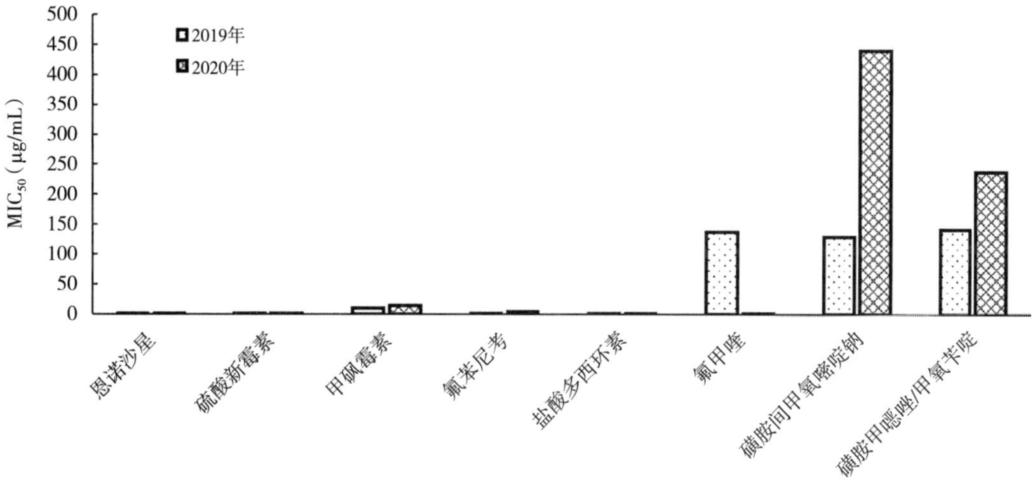

图 8　水产用抗菌药物对气单胞菌的 MIC_{50} 年度变化比较

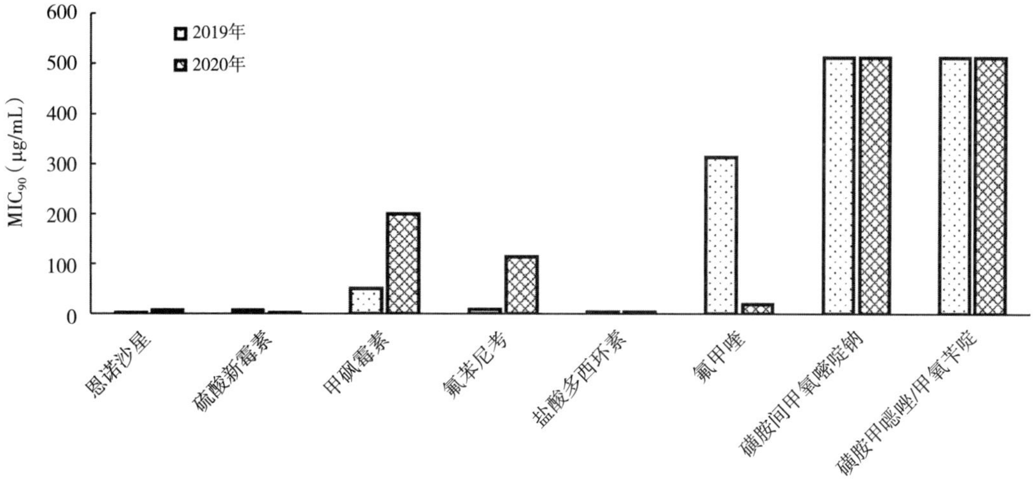

图 9　水产用抗菌药物对气单胞菌的 MIC_{90} 年度变化比较

三、分析与建议

1. 试验结果分析

天津市两个地区分离的气单胞菌对硫酸新霉素、盐酸多西环素、恩诺沙星均比较敏感；对磺胺类比较耐受，但与去年相比，耐药率有所降低。

2019 年气单胞菌对氟甲喹呈现 100%（MIC_{90}＞200 μg/mL）耐药，2020 年氟甲喹对所分离的气单胞菌的 MIC_{90} 为 19.02 μg/mL，明显降低，这可能与药敏试验板有关。建议 2021 年重点关注气单胞菌对此药物的耐受性。

天津市两个地区在 2020 年只分离出 2 株豚鼠气单胞菌，分离菌株数量较少，因此监测数据不具有比较性。

2. 建议

针对上述两个地区发生的由气单胞菌引起的水生动物疾病，建议选择恩诺沙星、硫酸新霉素、多西环素等药物进行治疗。病原菌对磺胺间甲氧嘧啶钠、磺胺甲噁唑/甲氧苄啶的耐药性较高，尽量不选择。

细菌对水产用抗菌药物的感受性会根据时间、环境、药物的使用等外在因素发生变化，因此时时动态地监测细菌对水产用抗菌药物的感受性才能做到精准用药、科学用药。

2020年河北省水产养殖动物病原菌耐药性状况分析

蒋红艳　杨　蕾　张凤贤　刘晓丽
（河北省水产技术推广总站）

为了解和掌握水产养殖主要病原菌耐药性情况及其变化规律，指导渔民科学使用水产用抗菌药物，提高细菌性病害防控成效，推动渔业绿色高质量发展，河北省重点从鲤、草鱼两种养殖品种中分离得到气单胞菌属病原菌，并测定了其对8种水产用抗菌药物的敏感性，具体结果如下。

一、材料和方法

1. 样品采集

2020年，河北省普查继续以往年选定的2个水产养殖场为样品采集地点，分别是冀州区衡水中湖农业科技开发有限公司和冀州区合多水产养殖专业合作社，且均为水产养殖病害测报点，样品采集品种为鲤、草鱼。4—10月，每月1次，共采样84个。采样原则为：每月均采集两个品种且尽可能以出现病症的活鱼为主。由实验室检测人员到现场进行无菌操作分离病原菌。

2. 病原菌分离筛选

选取出现典型病症的个体进行解剖，将病灶部位接种于BHIA培养基、琼脂培养基进行细菌分离；对于无病症样品则选取肝、脾、肾、鳃接种于BHIA培养基进行细菌纯化。

3. 病原菌鉴定及保存

纯化好的细菌用20%甘油冷冻保存。同时将增殖菌株进行测序鉴定，筛选出细菌进行后续实验。

二、药敏测试结果

1. 病原菌分离鉴定总体情况

2020年河北省共分离病原菌5种，鉴定出鲤、草鱼致病菌60株（气单胞菌属），包括温和气单胞菌23株、嗜水气单胞菌15株、中间气单胞菌9株、杀鲑气单胞菌8株、维氏气单胞菌5株（图1）。

2. 病原菌耐药性分析

（1）温和气单胞菌对水产用抗菌药物感受性

4—10月共分离到23株温和气单胞菌，对8种水产用抗菌药物的感受性如表1至表3所示。

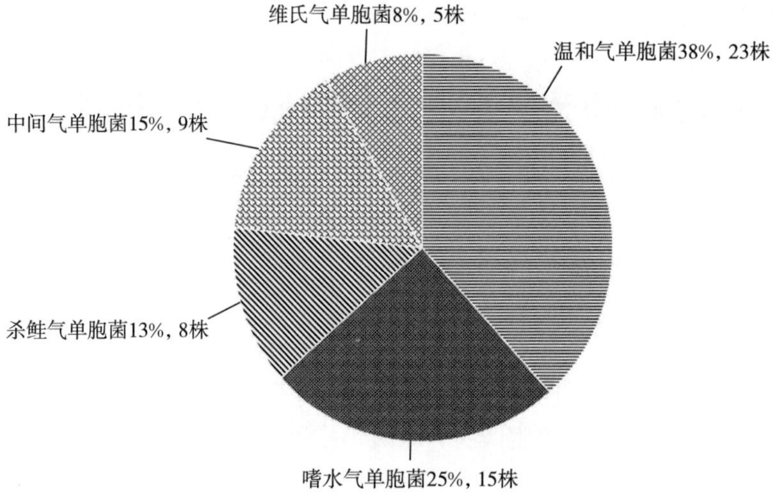

图 1　2020 年河北省分离病原菌情况

表 1　23 株温和气单胞菌对 6 种水产用抗菌药物感受性

供试药物	菌株数（株）											
	药物浓度 200 μg/mL	药物浓度 100 μg/mL	药物浓度 50 μg/mL	药物浓度 25 μg/mL	药物浓度 12.5 μg/mL	药物浓度 6.25 μg/mL	药物浓度 3.13 μg/mL	药物浓度 1.56 μg/mL	药物浓度 0.78 μg/mL	药物浓度 0.39 μg/mL	药物浓度 0.20 μg/mL	药物浓度 0.10 μg/mL
恩诺沙星									2	1	3	17
硫酸新霉素						1	7	6	3	2	4	
甲砜霉素	1		1		2	3	4	11	1			
氟苯尼考		1		1		1	2	7	10			
盐酸多西环素				3	2	2	3	1	3	4	1	4
氟甲喹	1	1		1	2		3	1	1		1	9

表 2　23 株温和气单胞菌对磺胺间甲氧嘧啶钠感受性

供试药物	菌株数（株）									
	药物浓度 512 μg/mL	药物浓度 256 μg/mL	药物浓度 128 μg/mL	药物浓度 64 μg/mL	药物浓度 32 μg/mL	药物浓度 16 μg/mL	药物浓度 8 μg/mL	药物浓度 4 μg/mL	药物浓度 2 μg/mL	药物浓度 1 μg/mL
磺胺间甲氧嘧啶钠	7	4	6	3	3					

表 3　23 株温和气单胞菌对磺胺甲噁唑/甲氧苄啶感受性

供试药物	菌株数（株）									
	药物浓度 512/102 μg/mL	药物浓度 256/51.2 μg/mL	药物浓度 128/25.6 μg/mL	药物浓度 64/12.8 μg/mL	药物浓度 32/6.4 μg/mL	药物浓度 16/3.2 μg/mL	药物浓度 8/1.6 μg/mL	药物浓度 4/0.8 μg/mL	药物浓度 2/0.4 μg/mL	药物浓度 1/0.2 μg/mL
磺胺甲噁唑/甲氧苄啶	2	9	5	1		4	1			1

（2）嗜水气单胞菌对水产用抗菌药物感受性

4—10月共分离到15株嗜水气单胞菌，对8种水产用抗菌药物的感受性测定的结果如表4至表6所示。

表4　15株嗜水气单胞菌对6种水产用抗菌药物感受性

供试药物	菌株数（株）											
	药物浓度 200 μg/mL	药物浓度 100 μg/mL	药物浓度 50 μg/mL	药物浓度 25 μg/mL	药物浓度 12.5 μg/mL	药物浓度 6.25 μg/mL	药物浓度 3.13 μg/mL	药物浓度 1.56 μg/mL	药物浓度 0.78 μg/mL	药物浓度 0.39 μg/mL	药物浓度 0.20 μg/mL	药物浓度 0.10 μg/mL
恩诺沙星									1	2	2	10
硫酸新霉素						1	4	5	3	1		1
甲砜霉素	1						2	8			1	1
氟苯尼考		1	1			1	2	6	3	1		
盐酸多西环素						1	2	1	1		2	8
氟甲喹					3	1	2		1			8

表5　15株嗜水气单胞菌对磺胺间甲氧嘧啶钠感受性

供试药物	菌株数（株）									
	药物浓度 512 μg/mL	药物浓度 256 μg/mL	药物浓度 128 μg/mL	药物浓度 64 μg/mL	药物浓度 32 μg/mL	药物浓度 16 μg/mL	药物浓度 8 μg/mL	药物浓度 4 μg/mL	药物浓度 2 μg/mL	药物浓度 1 μg/mL
磺胺间甲氧嘧啶钠	5		6	2	1				1	

表6　15株嗜水气单胞菌对磺胺甲噁唑/甲氧苄啶感受性

供试药物	菌株数（株）									
	药物浓度 512/102 μg/mL	药物浓度 256/51.2 μg/mL	药物浓度 128/25.6 μg/mL	药物浓度 64/12.8 μg/mL	药物浓度 32/6.4 μg/mL	药物浓度 16/3.2 μg/mL	药物浓度 8/1.6 μg/mL	药物浓度 4/0.8 μg/mL	药物浓度 2/0.4 μg/mL	药物浓度 1/0.2 μg/mL
磺胺甲噁唑/甲氧苄啶	5	4	1	3			1		1	

（3）杀鲑气单胞菌对水产用抗菌药物感受性

4—8月分离到8株杀鲑气单胞菌，对8种水产用抗菌药物的感受性测定的结果如表7至表9所示。

表 7　8 株杀鲑气单胞菌对 6 种水产用抗菌药物感受性

供试药物	菌株数（株）											
	药物浓度 200 μg/mL	药物浓度 100 μg/mL	药物浓度 50 μg/mL	药物浓度 25 μg/mL	药物浓度 12.5 μg/mL	药物浓度 6.25 μg/mL	药物浓度 3.13 μg/mL	药物浓度 1.56 μg/mL	药物浓度 0.78 μg/mL	药物浓度 0.39 μg/mL	药物浓度 0.20 μg/mL	药物浓度 0.10 μg/mL
恩诺沙星												8
硫酸新霉素			1			3	3	1				
甲砜霉素						3		5				
氟苯尼考							3	1	4			
盐酸多西环素									2		1	5
氟甲喹												8

表 8　8 株杀鲑气单胞菌对磺胺间甲氧嘧啶钠感受性

供试药物	菌株数（株）									
	药物浓度 512 μg/mL	药物浓度 256 μg/mL	药物浓度 128 μg/mL	药物浓度 64 μg/mL	药物浓度 32 μg/mL	药物浓度 16 μg/mL	药物浓度 8 μg/mL	药物浓度 4 μg/mL	药物浓度 2 μg/mL	药物浓度 1 μg/mL
磺胺间甲氧嘧啶钠			2	5		1				

表 9　8 株杀鲑气单胞菌对磺胺甲噁唑/甲氧苄啶感受性

供试药物	菌株数（株）									
	药物浓度 512/102 μg/mL	药物浓度 256 /51.2 μg/mL	药物浓度 128 /25.6 μg/mL	药物浓度 64 /12.8 μg/mL	药物浓度 32 /6.4 μg/mL	药物浓度 16 /3.2 μg/mL	药物浓度 8 /1.6 μg/mL	药物浓度 4 /0.8 μg/mL	药物浓度 2 /0.4 μg/mL	药物浓度 1 /0.2 μg/mL
磺胺甲噁唑/甲氧苄啶	2	2		1	2		1			

（4）中间气单胞菌对水产用抗菌药物感受性

4—10 月分离到 9 株中间气单胞菌，对 8 种水产用抗菌药物的感受性测定的结果如表 10 至表 12 所示。

表 10　9 株中间气单胞菌对 6 种水产用抗菌药物感受性

供试药物	菌株数（株）											
	药物浓度 200 μg/mL	药物浓度 100 μg/mL	药物浓度 50 μg/mL	药物浓度 25 μg/mL	药物浓度 12.5 μg/mL	药物浓度 6.25 μg/mL	药物浓度 3.13 μg/mL	药物浓度 1.56 μg/mL	药物浓度 0.78 μg/mL	药物浓度 0.39 μg/mL	药物浓度 0.20 μg/mL	药物浓度 0.10 μg/mL
恩诺沙星									2	1	1	5
硫酸新霉素						1	2	3		1		

（续）

供试药物	菌株数（株）											
	药物浓度 200 μg/mL	药物浓度 100 μg/mL	药物浓度 50 μg/mL	药物浓度 25 μg/mL	药物浓度 12.5 μg/mL	药物浓度 6.25 μg/mL	药物浓度 3.13 μg/mL	药物浓度 1.56 μg/mL	药物浓度 0.78 μg/mL	药物浓度 0.39 μg/mL	药物浓度 0.20 μg/mL	药物浓度 0.10 μg/mL
甲砜霉素	1				5		1	1	1			
氟苯尼考				1			1	1	5		1	
盐酸多西环素							1		1	1		5
氟甲喹	1				1		1	1			1	4

表11　9株中间气单胞菌对磺胺间甲氧嘧啶钠感受性

供试药物	菌株数（株）									
	药物浓度 512 μg/mL	药物浓度 256 μg/mL	药物浓度 128 μg/mL	药物浓度 64 μg/mL	药物浓度 32 μg/mL	药物浓度 16 μg/mL	药物浓度 8 μg/mL	药物浓度 4 μg/mL	药物浓度 2 μg/mL	药物浓度 1 μg/mL
磺胺间甲氧嘧啶钠	2	1	2	1	1	1				

表12　9株中间气单胞菌对磺胺甲噁唑/甲氧苄啶感受性

供试药物	菌株数（株）									
	药物浓度 512/102 μg/mL	药物浓度 256/51.2 μg/mL	药物浓度 128/25.6 μg/mL	药物浓度 64/12.8 μg/mL	药物浓度 32/6.4 μg/mL	药物浓度 16/3.2 μg/mL	药物浓度 8/1.6 μg/mL	药物浓度 4/0.8 μg/mL	药物浓度 2/0.4 μg/mL	药物浓度 1/0.2 μg/mL
磺胺甲噁唑/甲氧苄啶	2		2	1	3			1		

（5）维氏气单胞菌对水产用抗菌药物感受性

9—10月分离到5株维氏气单胞菌，对8种水产用抗菌药物的感受性测定的结果如表13至表15所示。

表13　5株维氏气单胞菌对6种水产用抗菌药物感受性

供试药物	菌株数（株）											
	药物浓度 200 μg/mL	药物浓度 100 μg/mL	药物浓度 50 μg/mL	药物浓度 25 μg/mL	药物浓度 12.5 μg/mL	药物浓度 6.25 μg/mL	药物浓度 3.13 μg/mL	药物浓度 1.56 μg/mL	药物浓度 0.78 μg/mL	药物浓度 0.39 μg/mL	药物浓度 0.20 μg/mL	药物浓度 0.10 μg/mL
恩诺沙星										1	1	3
硫酸新霉素								5				
甲砜霉素								3	2			
氟苯尼考									4	1		
盐酸多西环素					2	1	1					1

（续）

供试药物	菌株数（株）											
	药物浓度 200 μg/mL	药物浓度 100 μg/mL	药物浓度 50 μg/mL	药物浓度 25 μg/mL	药物浓度 12.5 μg/mL	药物浓度 6.25 μg/mL	药物浓度 3.13 μg/mL	药物浓度 1.56 μg/mL	药物浓度 0.78 μg/mL	药物浓度 0.39 μg/mL	药物浓度 0.20 μg/mL	药物浓度 0.10 μg/mL
氟甲喹					1	1				1	1	1

表 14　5 株维氏气单胞菌对磺胺间甲氧嘧啶钠感受性

供试药物	菌株数（株）									
	药物浓度 512 μg/mL	药物浓度 256 μg/mL	药物浓度 128 μg/mL	药物浓度 64 μg/mL	药物浓度 32 μg/mL	药物浓度 16 μg/mL	药物浓度 8 μg/mL	药物浓度 4 μg/mL	药物浓度 2 μg/mL	药物浓度 1 μg/mL
磺胺间甲氧嘧啶钠		1	1	2	1					

表 15　5 株维氏气单胞菌对磺胺甲噁唑/甲氧苄啶感受性

供试药物	菌株数（株）									
	药物浓度 512/102 μg/mL	药物浓度 256/51.2 μg/mL	药物浓度 128/25.6 μg/mL	药物浓度 64/12.8 μg/mL	药物浓度 32/6.4 μg/mL	药物浓度 16/3.2 μg/mL	药物浓度 8/1.6 μg/mL	药物浓度 4/0.8 μg/mL	药物浓度 2/0.4 μg/mL	药物浓度 1/0.2 μg/mL
磺胺甲噁唑/甲氧苄啶	1	1	2	1						

3. 耐药性变化情况

2020 年分离的主要致病菌为温和气单胞菌和嗜水气单胞菌，2019 年分离的主要致病菌为维氏气单胞菌和嗜水气单胞菌。2020 年，硫酸新霉素、甲砜霉素、氟苯尼考对 5 种气单胞菌的 MIC 相对集中且处于中浓度区，为 1.56～25 μg/mL，但在这 5 种气单胞菌中偶见耐药性；而 2019 年仅在嗜水气单胞菌中偶见耐药性。由此可见，气单胞菌的耐药性有所增强。

三、分析与建议

1. 气单胞菌分离培养结果分析

2020 年，从衡水市冀州区两个养殖场分离到 5 种气单胞菌属致病菌，分别是温和气单胞菌、嗜水气单胞菌、杀鲑气单胞菌、中间气单胞菌和维氏气单胞菌。其中温和气单胞菌和嗜水气单胞菌两者所占比例超过 60%。

2. 水产养殖动物致病菌药物感受性分析

从抗菌药物敏感性试验结果来看，未发现气单胞菌的药物敏感性存在显著差异。气单胞菌对氟甲喹药物不敏感，耐药率均为 100%，因此，单独使用这种药物对控制气单胞菌病发生的意义不大。恩诺沙星、盐酸多西环素对气单胞菌的 MIC 集中在低浓度区，均在 3.13 μg/mL 以下，这两种药物可优先考虑用于气单胞菌所引起疾病的治疗和控制；所分离菌株对硫酸新霉素、甲砜霉素、氟苯尼考的耐受浓度相对集中且处于中等浓度，MIC在1.56～25 μg/mL，但在嗜水气单胞菌中偶见耐药性；菌株对磺胺间甲氧嘧啶钠的耐受浓度相对集中，在8～128 μg/mL；磺胺甲噁唑/甲氧苄啶的MIC分布相对离散，存在敏感菌株的同时也存在一定比例的耐药菌株，在选用此类药物之前，应将菌株药物敏感性试验结果作为用药剂量的指导依据。

虽然在该地区气单胞菌并未引起水产养殖动物大范围发病，但是存在对多种抗菌药均耐药的菌株，提示养殖户应提高对该致病菌的警惕。

3. 选择用药建议

河北省鲤、草鱼所分离的气单胞菌对恩诺沙星、盐酸多西环素较为敏感，且恩诺沙星效果优于盐酸多西环素；菌株对磺胺间甲氧嘧啶钠和磺胺甲噁唑/甲氧苄啶敏感性较低，在实际生产中不建议大量使用；硫酸新霉素、甲砜霉素、氟苯尼考和氟甲喹等对抑制气单胞菌引起的疾病有一定作用，但是表现并不稳定，应结合药物敏感性试验结果合理使用，避免滥用药。

2020年辽宁省水产养殖动物病原菌耐药性状况分析

徐小雅[1]　郭欣硕[1]　唐治宇[1]　张劲松[2]
（1. 辽宁省现代农业生产基地建设工程中心　2. 葫芦岛市现代农业发展服务中心）

为了掌握辽宁省水产养殖主要病原菌耐药性情况及其变化规律，指导渔民科学使用水产用抗菌药物，促进水产养殖业的可持续发展，辽宁省现代农业生产基地建设工程中心于2020年6—10月组织工作人员赴葫芦岛市兴城大菱鲆养殖区开展水产养殖主要病原菌耐药性普查工作，对大菱鲆体内弧菌进行分离纯化，并用8种水产用抗菌药物测定了菌株的感受性，具体结果报告如下。

一、材料和方法

1. 样品采集

2020年6—10月，分5次在葫芦岛市兴城两个大菱鲆养殖场选择具有典型病症的个体进行活体解剖，选取肝、脾、肾及其病灶部位分别接种于选择性培养基。

2. 病原菌的分离筛选

将接种的选择性培养基置于（28±1)℃培养18～24 h，观察其菌落特征，挑取可疑的单个菌落，接种于普通营养琼脂培养基上，再在（28±1)℃培养18～24 h以得到纯培养物。

3. 病原菌鉴定及保存

将纯化好的菌株穿刺接种于营养琼脂斜面培养基中，(28±1) ℃培养18～24 h，封口后送至上海海洋大学进行菌株鉴定。将纯化好的菌株接种于普通营养肉汤管中，适宜温度增菌培养16～20 h后，分装于2 mL无菌管中，加灭菌甘油使其含量达30%，充分混匀后，－80℃保存。

4. 供试菌株MIC的测定

首先，挑取纯化后的单个菌落于5 mL生理盐水中，制成适宜浓度的菌悬液。以无菌的方式吸取200 μL生理盐水加入阴性对照孔（G12、H12）。吸取200 μL菌悬液加入10 mL无菌生理盐水中，混匀倒入V形槽中，再将10 mL无菌生理盐水倒入V形槽中。混匀后，利用微量移液器吸取V形槽中的菌液200 μL加入所有微孔中（阴性对照孔除外)，设立阳性对照孔2个（G11、H11)。将加好样的药敏试验板放入（28±1) ℃恒温培养箱中培养24～28 h。观察各孔培养液中细菌的生长情况，药敏试验板孔底变浑浊为阳性，孔底澄清为阴性。以孔底完全抑制细菌生长的最小药物浓度作为测试药物的MIC。

二、药敏测试结果

1. 病原菌分离鉴定总体情况

(1) 弧菌分离培养结果

选取有典型病症的个体进行活体解剖，选取肝、脾、肾等病灶部位分别接种于选择性培养基用以分离弧菌，共采集样品180份。分离培养出菌株共330株，其中弧菌属190株，采集率为58%；其他菌株40株，采集率为42%。采集样品的时间、水温、大菱鲆数量、分离菌株数量见表1。

表1 辽宁省菌株采集及分离情况

取样时间	水温（℃）	大菱鲆（尾）	采集样品（份）	分离菌株（株）	弧菌（株）	其他菌（株）
6月12日	14～17	6	36	43	17	26
7月28日	14～17	6	36	46	17	29
8月20日	17～20	6	36	91	54	37
9月16日	16～18	6	36	73	49	24
10月21日	14～17	6	36	77	53	24

由表1可以看出，弧菌作为条件致病菌，在辽宁省葫芦岛地区不同养殖场、不同月份都有检出，表明弧菌在该地区养殖大菱鲆体内广泛存在，常年可分离得到，并随季节和月份有所变化，8—10月采集数量明显高于其他月份。结合葫芦岛大菱鲆养殖病害暴发情况及菌株鉴定结果，可以得知弧菌可能是引起该地区大菱鲆发病的主要病原菌。

(2) 弧菌的鉴定结果

将分离得到的190株弧菌属菌株通过分子生物学技术鉴定出16个种类，详见表2。鉴定结果表明，大菱鲆弧菌的检出率最高，占总数的52.1%；溶藻弧菌、大西洋弧菌、托兰宗弧菌、嗜环弧菌也占有一定数量，分别为14.2%、7.9%、6.8%和3.7%；巨大弧菌、缓慢弧菌、伦斯普卡斯弧菌、塔斯马尼亚弧菌、大牡蛎弧菌、卡那罗弧菌、灿烂弧菌等也均有检出，但数量较少。

表2 辽宁省190株弧菌属菌株分离及鉴定结果

单位：株

名称	6月	7月	8月	9月	10月	合计
大菱鲆弧菌	12	10	30	15	32	99 (52.1%)
大西洋弧菌	2	2		7	4	15 (7.9%)
溶藻弧菌		1	22	4		27 (14.2%)
托兰宗弧菌		2		7	4	13 (6.8%)
嗜环弧菌				1	6	7 (3.7%)
巨大弧菌				3	2	5 (2.6%)
缓慢弧菌	1			1		2 (1.1%)
伦尼普卡斯弧菌	1	1		2		4 (2.1%)

（续）

名称	6月	7月	8月	9月	10月	合计
大牡蛎弧菌				2	2	4（2.1%）
塔斯马尼亚弧菌	1				3	4（2.1%）
卡那罗弧菌		1		1		2（1.1%）
费氏弧菌			1	1		2（1.1%）
灿烂弧菌				3		3（1.6%）
需钠弧菌			1			1（0.5%）
噬海藻弧菌				1		1（0.5%）
留萌弧菌				1		1（0.5%）
合计	17	17	54	49	53	190（100%）

注：括号内数字为检出率。

2. 病原菌耐药性分析

（1）2020 年度弧菌属对水产用抗菌药物感受性总体情况

不同水产用抗菌药物的感受性结果判定标准有所不同，参照美国临床实验室标准研究所（CLSI）发布的标准文件，划定细菌对药物的敏感性及耐药性。氟苯尼考、恩诺沙星及硫酸新霉素：S 敏感，MIC≤2 μg/mL；I 中敏，MIC=4 μg/mL；R 耐药，MIC≥8 μg/mL。盐酸多西环素：S 敏感，MIC≤4 μg/mL；I 中敏，MIC=8 μg/mL；R 耐药，MIC≥16 μg/mL。甲砜霉素、氟甲喹：S 敏感，MIC≤8 μg/mL；I 中敏，MIC=16 μg/mL；R 耐药，MIC≥32 μg/mL。磺胺类：S 敏感，MIC≤9.5 μg/mL；I 中敏，MIC=38 μg/mL；R 耐药，MIC≥76 μg/mL。磺胺甲噁唑/甲氧苄啶：S 敏感，MIC≤38/2 μg/mL；I 中敏，MIC=76/4 μg/mL；R 耐药，MIC≥158/8 μg/mL。依照这一划分范围，将各种水产用抗菌药物对大菱鲆弧菌的 MIC 测定结果进行判定，详见表 3 至表 5 以及图 1。

弧菌病是对世界水产养殖业危害最严重的病害之一，弧菌宿主范围很广，包括养殖和野生鱼类。据报道，目前已有很多国家发生过弧菌病，涉及 48 种海水鱼类。本次普查从分离得到的 190 株弧菌中选取有代表性的 78 株，用 8 种水产用抗菌药物药敏试剂板对其进行药物敏感性试验，感受性测定结果如表 3 至表 5 所示，各种水产用抗菌药物对弧菌属的 MIC 区间及敏感率和耐药率对比结果如表 6 所示。

表 3　弧菌属对 6 种水产用抗菌药物的总体感受性

供试药物	MIC_{50}（μg/mL）	MIC_{90}（μg/mL）	菌株数（株）											
			药物浓度 0.1 μg/mL	药物浓度 0.2 μg/mL	药物浓度 0.39 μg/mL	药物浓度 0.78 μg/mL	药物浓度 1.56 μg/mL	药物浓度 3.13 μg/mL	药物浓度 6.25 μg/mL	药物浓度 12.5 μg/mL	药物浓度 25 μg/mL	药物浓度 50 μg/mL	药物浓度 100 μg/mL	药物浓度 200 μg/mL
恩诺沙星	0.1	0.83	47	12	8	2	4	2	1	2				

（续）

供试药物	MIC50 (μg/mL)	MIC90 (μg/mL)	菌株数（株）											
			药物浓度 0.1 μg/mL	药物浓度 0.2 μg/mL	药物浓度 0.39 μg/mL	药物浓度 0.78 μg/mL	药物浓度 1.56 μg/mL	药物浓度 3.13 μg/mL	药物浓度 6.25 μg/mL	药物浓度 12.5 μg/mL	药物浓度 25 μg/mL	药物浓度 50 μg/mL	药物浓度 100 μg/mL	药物浓度 200 μg/mL
硫酸新霉素	0.36	1.98	11	17	16	11	9	9	5					
甲砜霉素	7.27	200			4	12	11	17	6	5	1		3	19
氟苯尼考	3.54	43.2	1		1	16	20	13	3	3	5	6	8	2
盐酸多西环素	0.1	1.75	51	4	6	9	1	4			2		1	
氟甲喹	0.1	1.75	57	5	3	3	3	3	1				1	2

表 4　弧菌属对磺胺间甲氧嘧啶钠的总体感受性

供试药物	MIC50 (μg/mL)	MIC90 (μg/mL)	菌株数（株）									
			药物浓度 1 μg/mL	药物浓度 2 μg/mL	药物浓度 4 μg/mL	药物浓度 8 μg/mL	药物浓度 16 μg/mL	药物浓度 32 μg/mL	药物浓度 64 μg/mL	药物浓度 128 μg/mL	药物浓度 256 μg/mL	药物浓度 512 μg/mL
磺胺间甲氧嘧啶钠	26.01	246.84	1	1	5	12	20	13	6	8	2	10

表 5　弧菌属对磺胺甲噁唑/甲氧苄啶的总体感受性

供试药物	MIC50 (μg/mL)	MIC90 (μg/mL)	菌株数（株）									
			药物浓度 1/0.2 μg/mL	药物浓度 2/0.4 μg/mL	药物浓度 4/0.8 μg/mL	药物浓度 8/1.6 μg/mL	药物浓度 16/3.2 μg/mL	药物浓度 32/6.4 μg/mL	药物浓度 64/12.8 μg/mL	药物浓度 128/25.6 μg/mL	药物浓度 256/51.2 μg/mL	药物浓度 512/102 μg/mL
磺胺甲噁唑/甲氧苄啶	14.52/2.9	233.35/46.62	5	8	7	10	15	11	7	4	2	9

表 6　各种水产用抗菌药物对弧菌属的 MIC 区间及敏感率和耐药率对比结果（*n*=78）

供试药物	MIC 区间（μg/mL）	S 敏感（占比）	I 中敏（占比）	R 耐药（占比）
恩诺沙星	0.1～12.5	73（93.6%）	5（6.4%）	0（0.0%）
硫酸新霉素	0.1～6.25	64（82.1%）	14（17.9%）	0（0.0%）
甲砜霉素	0.39～200	50（64.1%）	6（7.7%）	22（28.2%）
氟苯尼考	0.1～200	51（65.4%）	3（3.8%）	24（30.8%）
盐酸多西环素	0.1～100	75（96.2%）	0（0.0%）	3（3.8%）
氟甲喹	0.1～200	75（96.2%）	0（0.0%）	3（3.8%）
磺胺间甲氧嘧啶钠	1～512	30（38.5%）	33（42.3%）	15（19.2%）
磺胺甲噁唑/甲氧苄啶	1/0.2～512/102	56（71.8%）	11（14.1%）	11（14.1%）

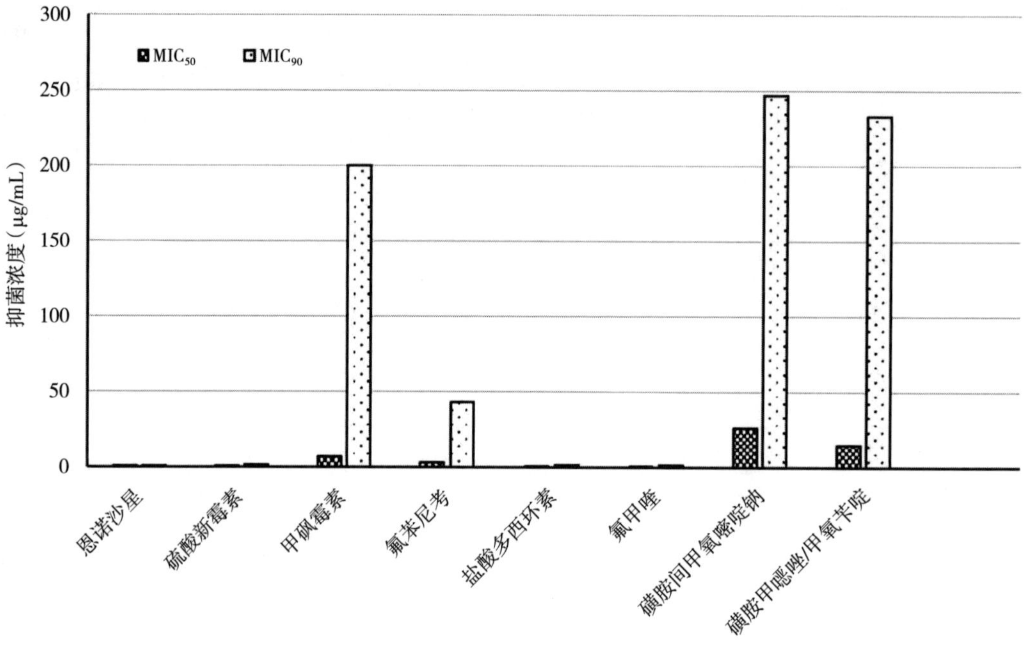

图 1　大菱鲆弧菌耐药性状况

由表 3 至表 6 和图 1 可以看出，弧菌属对各种水产用抗菌药物的总体感受性各有不同，恩诺沙星、盐酸多西环素、氟甲喹、硫酸新霉素的 MIC 分别为 0.1～12.5 μg/mL、0.1～100 μg/mL、0.1～200 μg/mL、0.1～6.25 μg/mL，MIC_{90} 分别为 0.83 μg/mL、1.75 μg/mL、1.75 μg/mL、1.98 μg/mL；病原菌表现出高度敏感效果，敏感率为 93.6%；96.2%、96.2%、82.1%，表明这四种药物对弧菌有很好的抑制性。氟苯尼考的 MIC 分布于 0.1～200 μg/mL，MIC_{90} 为 43.2 μg/mL，病原菌表现出部分敏感性，敏感率为 65.4%，耐药率为 30.8%；甲砜霉素的 MIC 分布于 0.39～200 μg/mL，MIC_{90} 为 200 μg/mL，敏感率为 64.1%，耐药率为 28.2%；磺胺甲噁唑/甲氧苄啶的 MIC 分布于 1/0.2～512/102 μg/mL，MIC_{90} 为 233.35/46.62 μg/mL，敏感率为 71.8%；磺胺间甲氧嘧啶钠 MIC 分布于 1～512 μg/mL，大部分表现出中度敏感，中敏率为 42.3%。

（2）2020 年度弧菌属对水产用抗菌药物感受性的月份变化

2020 年度不同月份弧菌对抗菌药物的敏感率及变化趋势见表 7 与图 2。数据显示，6—10 月，弧菌属对不同抗菌药物在各个月份感受性变化有所差异：对恩诺沙星、盐酸多西环素、氟甲喹 3 种药物的感受性在不同的月份差异不大，均表现出较高的敏感率；对硫酸新霉素的感受性在不同的月份波动较大，在 6 月、7 月敏感率均达到 80%以上，在 8 月敏感率明显下降，仅为 33.3%，在 9 月、10 月该药物又有了较好的抑制效果，敏感率又回到 80%以上；对甲砜霉素、磺胺甲噁唑/甲氧苄啶的敏感率随月份呈下降趋势，总体敏感率不高；对氟苯尼考的感受性趋势与硫酸新霉素相同，在 8 月下降较为明显，但总体的敏感率不高；对磺胺间甲氧嘧啶钠总体感受性呈波动变化，在 6—8 月呈下降趋势，在 8 月达到一个耐药的高峰期，敏感率为 0，在 9 月上升，10 月又有回落，耐药率总体偏低。

表7　不同月份弧菌对抗菌药物的敏感率对比结果

单位：%

时间	恩诺沙星	硫酸新霉素	甲砜霉素	氟苯尼考	盐酸多西环素	氟甲喹	磺胺间甲氧嘧啶钠	磺胺甲噁唑/甲氧苄啶
6月	100.0	100.0	87.5	62.5	100.0	100.0	25.0	87.5
7月	100.0	80.0	100.00	50.0	100.0	100.0	10.0	80.0
8月	88.9	33.3	89.9	33.3	100.0	100.00	0.0	66.7
9月	97.1	91.4	54.3	48.6	94.3	94.3	37.1	68.6
10月	87.5	81.3	50.0	50.0	100.0	93.8	18.8	68.8

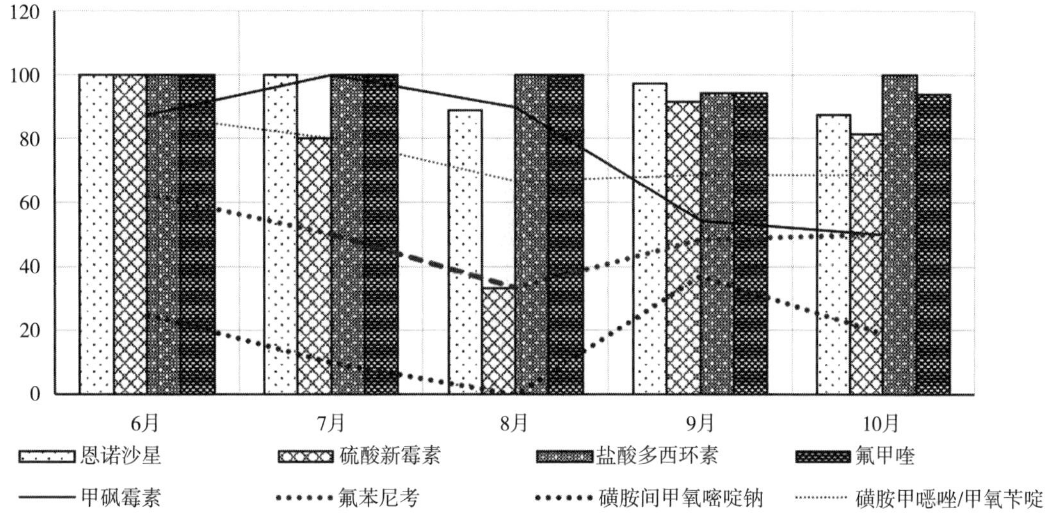

图2　不同月份弧菌对抗生素的敏感率对比结果

（3）不同种类弧菌对水产用抗菌药物的感受性

将不同种类弧菌对各水产用抗菌药物的感受性进行分类汇总，统计其加权平均MIC、MIC_{50}、MIC_{90}，结果见表8至表20。

①24株大菱鲆弧菌对各种水产用抗菌药物的感受性如表8至表11所示。

表8　大菱鲆弧菌对6种水产用抗菌药物的感受性

供试药物	MIC_{50} (μg/mL)	MIC_{90} (μg/mL)	菌株数（株）											
			药物浓度0.1 μg/mL	药物浓度0.2 μg/mL	药物浓度0.39 μg/mL	药物浓度0.78 μg/mL	药物浓度1.56 μg/mL	药物浓度3.13 μg/mL	药物浓度6.25 μg/mL	药物浓度12.5 μg/mL	药物浓度25 μg/mL	药物浓度50 μg/mL	药物浓度100 μg/mL	药物浓度200 μg/mL
恩诺沙星	0.1	0.45	17	3	1	1	1	1						
硫酸新霉素	0.52	2.08	1	3	8	4	2	5	1					
甲砜霉素	8.76	200				8	1	5	2					8
氟苯尼考	4.17	77.7	1			4	7	3	1			2	5	1
盐酸多西环素	0.1	1.2	17	1	2	1		2			1			
氟甲喹	0.1	0.12	22		1		1							

表 9 大菱鲆弧菌对磺胺间甲氧嘧啶钠的感受性

供试药物	MIC50 (μg/mL)	MIC90 (μg/mL)	菌株数（株）									
			药物浓度 1 μg/mL	药物浓度 2 μg/mL	药物浓度 4 μg/mL	药物浓度 8 μg/mL	药物浓度 16 μg/mL	药物浓度 32 μg/mL	药物浓度 64 μg/mL	药物浓度 128 μg/mL	药物浓度 256 μg/mL	药物浓度 512 μg/mL
磺胺间甲氧嘧啶钠	20.9	150.44	1			4	6	8	2		1	2

表 10 大菱鲆弧菌对磺胺甲噁唑/甲氧苄啶的感受性

供试药物	MIC50 (μg/mL)	MIC90 (μg/mL)	菌株数（株）									
			药物浓度1/0.2 μg/mL	药物浓度2/0.4 μg/mL	药物浓度4/0.8 μg/mL	药物浓度8/1.6 μg/mL	药物浓度16/3.2 μg/mL	药物浓度32/6.4 μg/mL	药物浓度64/12.8 μg/mL	药物浓度128/25.6 μg/mL	药物浓度256/51.2 μg/mL	药物浓度512/102 μg/mL
磺胺甲噁唑/甲氧苄啶	10.91/2.18	94.0/18.79	1	2	4	3	6	3	2	1	1	1

表 11 大西洋弧菌对 6 种水产用抗菌药物的感受性

供试药物	MIC50 (μg/mL)	MIC90 (μg/mL)	菌株数（株）											
			药物浓度 0.1 μg/mL	药物浓度 0.2 μg/mL	药物浓度 0.39 μg/mL	药物浓度 0.78 μg/mL	药物浓度 1.56 μg/mL	药物浓度 3.13 μg/mL	药物浓度 6.25 μg/mL	药物浓度 12.5 μg/mL	药物浓度 25 μg/mL	药物浓度 50 μg/mL	药物浓度 100 μg/mL	药物浓度 200 μg/mL
恩诺沙星	0.33	4.9	3	1	1		2		1	1				
硫酸新霉素	0.2	0.85	3	2		3	1							
甲砜霉素	21.21	200						3		3				3
氟苯尼考	3.69	35.99				2	2	2		1			2	
盐酸多西环素	0.1	1.01	5	2			1	1						
氟甲喹	0.22	1.3	3	1	2	1	1	1						

②9 株大西洋弧菌对各种水产用抗菌药物的感受性如表 12 至表 13 所示。

表 12 大西洋弧菌对磺胺间甲氧嘧啶钠的感受性

供试药物	MIC50 (μg/mL)	MIC90 (μg/mL)	菌株数（株）									
			药物浓度 1 μg/mL	药物浓度 2 μg/mL	药物浓度 4 μg/mL	药物浓度 8 μg/mL	药物浓度 16 μg/mL	药物浓度 32 μg/mL	药物浓度 64 μg/mL	药物浓度 128 μg/mL	药物浓度 256 μg/mL	药物浓度 512 μg/mL
磺胺间甲氧嘧啶钠	31.13	415.79			1	1	3	1	1			2

表 13 大西洋弧菌对磺胺甲噁唑/甲氧苄啶的感受性

供试药物	MIC50 (μg/mL)	MIC90 (μg/mL)	菌株数（株）									
			药物浓度1/0.2 μg/mL	药物浓度2/0.4 μg/mL	药物浓度4/0.8 μg/mL	药物浓度8/1.6 μg/mL	药物浓度16/3.2 μg/mL	药物浓度32/6.4 μg/mL	药物浓度64/12.8 μg/mL	药物浓度128/25.6 μg/mL	药物浓度256/51.2 μg/mL	药物浓度512/102 μg/mL
磺胺甲噁唑/甲氧苄啶	19.35/3.87	512/102	1		1	1	3		1			2

③8 株托兰宗弧菌对各种水产用抗菌药物的感受性如表 14 至表 16 所示。

表 14 托兰宗弧菌对 6 种水产用抗菌药物的感受性

供试药物	MIC_{50} (μg/mL)	MIC_{90} (μg/mL)	菌株数（株）											
			药物浓度 0.1 μg/mL	药物浓度 0.2 μg/mL	药物浓度 0.39 μg/mL	药物浓度 0.78 μg/mL	药物浓度 1.56 μg/mL	药物浓度 3.13 μg/mL	药物浓度 6.25 μg/mL	药物浓度 12.5 μg/mL	药物浓度 25 μg/mL	药物浓度 50 μg/mL	药物浓度 100 μg/mL	药物浓度 200 μg/mL
恩诺沙星	0.1	1.49	6		1					1				
硫酸新霉素	0.38	2.11		3	3			1	1					
甲砜霉素	12.09	200				2	1		1				3	1
氟苯尼考	5.38	34.27					3	1		1	2		1	
盐酸多西环素	0.15	4.43	4			3					1			
氟甲喹	0.1	0.1	6											2

表 15 托兰宗弧菌对磺胺间甲氧嘧啶钠的感受性

供试药物	MIC_{50} (μg/mL)	MIC_{90} (μg/mL)	菌株数（株）									
			药物浓度 1 μg/mL	药物浓度 2 μg/mL	药物浓度 4 μg/mL	药物浓度 8 μg/mL	药物浓度 16 μg/mL	药物浓度 32 μg/mL	药物浓度 64 μg/mL	药物浓度 128 μg/mL	药物浓度 256 μg/mL	药物浓度 512 μg/mL
磺胺间甲氧嘧啶钠	90.55	512					1	1	2	2		2

表 16 托兰宗弧菌对磺胺甲噁唑/甲氧苄啶的感受性

供试药物	MIC_{50} (μg/mL)	MIC_{90} (μg/mL)	菌株数（株）									
			药物浓度 1/0.2 μg/mL	药物浓度 2/0.4 μg/mL	药物浓度 4/0.8 μg/mL	药物浓度 8/1.6 μg/mL	药物浓度 16/3.2 μg/mL	药物浓度 32/6.4 μg/mL	药物浓度 64/12.8 μg/mL	药物浓度 128/25.6 μg/mL	药物浓度 256/51.2 μg/mL	药物浓度 512/102 μg/mL
磺胺甲噁唑/甲氧苄啶	56.76/11.35	512/102		1				4			1	2

④8 株溶藻弧菌对各种水产用抗菌药物的感受性如表 17 至表 19 所示。

表 17 溶藻弧菌对 6 种水产用抗菌药物的感受性

供试药物	MIC_{50} (μg/mL)	MIC_{90} (μg/mL)	菌株数（株）											
			药物浓度 0.1 μg/mL	药物浓度 0.2 μg/mL	药物浓度 0.39 μg/mL	药物浓度 0.78 μg/mL	药物浓度 1.56 μg/mL	药物浓度 3.13 μg/mL	药物浓度 6.25 μg/mL	药物浓度 12.5 μg/mL	药物浓度 25 μg/mL	药物浓度 50 μg/mL	药物浓度 100 μg/mL	药物浓度 200 μg/mL
恩诺沙星	0.23	0.45		3	5									
硫酸新霉素	1.19	4.07			2		3	1	2					
甲砜霉素	11.02	169.82					1	2	2	1				2

（续）

供试药物	MIC50（μg/mL）	MIC90（μg/mL）	菌株数（株）											
			药物浓度 0.1 μg/mL	药物浓度 0.2 μg/mL	药物浓度 0.39 μg/mL	药物浓度 0.78 μg/mL	药物浓度 1.56 μg/mL	药物浓度 3.13 μg/mL	药物浓度 6.25 μg/mL	药物浓度 12.5 μg/mL	药物浓度 25 μg/mL	药物浓度 50 μg/mL	药物浓度 100 μg/mL	药物浓度 200 μg/mL
氟苯尼考	4.21	22.6					3	1	2			2		
盐酸多西环素	0.1	10.08	4	1	1	1							1	
氟甲喹	0.1	0.16	6	2										

表 18　溶藻弧菌对磺胺间甲氧嘧啶钠的感受性

供试药物	MIC50（μg/mL）	MIC90（μg/mL）	菌株数（株）									
			药物浓度 1 μg/mL	药物浓度 2 μg/mL	药物浓度 4 μg/mL	药物浓度 8 μg/mL	药物浓度 16 μg/mL	药物浓度 32 μg/mL	药物浓度 64 μg/mL	药物浓度 128 μg/mL	药物浓度 256 μg/mL	药物浓度 512 μg/mL
磺胺间甲氧嘧啶钠	100	512					1	2		2	1	2

表 19　溶藻弧菌对磺胺甲噁唑/甲氧苄啶的感受性

供试药物	MIC50（μg/mL）	MIC90（μg/mL）	菌株数（株）									
			药物浓度 1/0.2 μg/mL	药物浓度 2/0.4 μg/mL	药物浓度 4/0.8 μg/mL	药物浓度 8/1.6 μg/mL	药物浓度 16/3.2 μg/mL	药物浓度 32/6.4 μg/mL	药物浓度 64/12.8 μg/mL	药物浓度 128/25.6 μg/mL	药物浓度 256/51.2 μg/mL	药物浓度 512/102 μg/mL
磺胺甲噁唑/甲氧苄啶	65.09/13.01	512/102					2	2	1	1		2

⑤各种水产用抗菌药物对其他不同种类弧菌的加权平均 MIC 如表 20 所示。

表 20　各种抗菌药物对其他不同种类弧菌的加权平均 MIC

供试药物	加权平均 MIC（μg/mL）											
	嗜环弧菌	巨大弧菌	伦尼普卡斯弧菌	塔斯马尼亚弧菌	大牡蛎弧菌	缓慢弧菌	卡那罗弧菌	灿烂弧菌	费氏弧菌	需钠弧菌	噬海藻弧菌	留萌弧菌
恩诺沙星	1.63	0.27	0.1	0.1	0.1	0.2	0.1	0.15	0.15	0.1	1.56	0.1
硫酸新霉素	0.47	1.32	0.17	0.36	0.71	0.45	0.1	0.1	3.23	3.13	1.56	0.2
甲砜霉素	51.76	109.38	0.39	1.17	68.1	2.61	1.56	1.56	1.17	6.25	200	3.13
氟苯尼考	13.28	15.72	0.78	8.77	17.02	3.13	1.56	1.96	2.35	3.13	200	1.56
盐酸多西环素	0.27	0.42	0.1	0.2	0.32	0.1	0.1	0.40	0.1	0.1	3.13	0.1
氟甲喹	0.47	0.27	0.13	0.13	0.1	4.16	0.1	0.40	0.1	0.1	100	0.1
磺胺间甲氧嘧啶钠	14	193	4.5	9.24	179.68	13.36	12	6	68	64	128	32
磺胺甲噁唑/甲氧苄啶	5.5/1.1	168/30.3	1.76/0.33	8.25/1.65	50.08/11.62	10.64/2.13	2/0.4	2.5/0.5	72/14.4	64/12.8	512/102	8/1.6

3. 耐药性变化情况

(1) 历年主要弧菌鉴定结果对比

选取2015年至2020年的菌株鉴定结果中检出率较高且连续检出的菌株进行年度对比，结果见表21。在历年分离的菌株中，大菱鲆弧菌、溶藻弧菌、大西洋弧菌、嗜环弧菌、缓慢弧菌、灿烂弧菌连续6年都有检出；前5年检出率较高的鱼肠道弧菌在2020年未检出。其中大菱鲆弧菌检出率最高，提示在大菱鲆养殖过程中，可将大菱鲆弧菌病的防治作为病害防治的重点。因弧菌为条件性致病菌，养殖户在病害防治过程中需要结合临床情况以及发病时菌株分离结果进行科学防治。

表21　历年菌株鉴定结果（2015—2020年）

单位：株

名称	2015年 $n=194$	2016年 $n=275$	2017年 $n=224$	2018年 $n=96$	2019年 $n=202$	2020年 $n=190$
大菱鲆弧菌	43（22.2%）	130（47.3%）	97（43.3%）	40（41.67%）	68（33.7%）	99（52.1%）
溶藻弧菌	8（4.1%）	3（1.1%）	22（9.8%）	4（4.2%）	8（4%）	27（14.2%）
大西洋弧菌	8（4.1%）	27（9.8%）	9（4.02%）	2（2.1%）	1（0.5%）	15（7.9%）
托兰宗弧菌	11（5.7%）	0（0%）	6（2.7%）	6（6.3%）	13（6.4%）	13（6.8%）
鱼肠道弧菌	26（13.4%）	58（21.1%）	13（5.8%）	2（2.01%）	13（6.4%）	0（0%）
嗜环弧菌	21（10.8%）	6（2.2%）	13（5.8%）	5（5.2%）	12（5.9%）	7（3.7%）
缓慢弧菌	19（9.8%）	8（2.9%）	2（0.9%）	2（2.1%）	4（2%）	2（1.1%）
塔斯马尼亚弧菌	2（1.0%）	3（1.1%）	0（0%）	10（10.4%）	3（1.5%）	4（2.1%）
卡那罗弧菌	13（6.7%）	0（0%）	1（0.5%）	3（3.1%）	0（0%）	2（1.1%）
灿烂弧菌	6（3.1%）	30（10.9%）	28（12.5%）	5（5.2%）	9（4.5%）	3（1.6%）

注：括号内数据为菌株数量占比。

(2) 大菱鲆弧菌对水产用抗菌药物感受性的年度变化

针对大菱鲆弧菌对抗菌药物的敏感率，按年份进行统计，历年结果及其感受性变化趋势见表22、图3。大菱鲆弧菌对恩诺沙星、盐酸多西环素、氟甲喹3种药物比较敏感，且历年的敏感率整体呈上升趋势，2020年均为90%以上；对硫酸新霉素的敏感率自2019年起明显提高，2020年敏感率为82%，显著高于其他年份；对氟苯尼考敏感率呈先上升再下降的趋势（2018年上升至91%，2020年下降为65%）；对甲砜霉素敏感度整体呈波动变化；对磺胺类药物，2015年至2018年表现出很显著的耐药性，敏感率为0，2019年起呈上升趋势，2019年、2020年基本持平。

表22　大菱鲆弧菌2015年至2020年药物敏感率统计表

供试药物	药物敏感率（%）						
	恩诺沙星[1]	硫酸新霉素	甲砜霉素	氟苯尼考	盐酸多西环素	氟甲喹	磺胺间甲氧嘧啶钠	磺胺甲噁唑/甲氧苄啶[2]
2015年	67	4	35	52	57	—	0	0
2016年	85	3	56	70	78	—	0	0
2017年	92	6	49	70	87	—	0	0

（续）

供试药物	药物敏感率（%）							
	恩诺沙星[1]	硫酸新霉素	甲砜霉素	氟苯尼考	盐酸多西环素	氟甲喹	磺胺间甲氧嘧啶钠	磺胺甲噁唑/甲氧苄啶[2]
2018 年	92	0	57	91	74	—	0	0
2019 年	97	49	48	64	93	94	42	78
2020 年	94	82	64	65	96	96	39	72

注：1. 2015 年为盐酸诺氟沙星，2016 年为诺氟沙星；2. 2015 年、2016 年、2017 年、2018 年为磺胺甲噁唑。

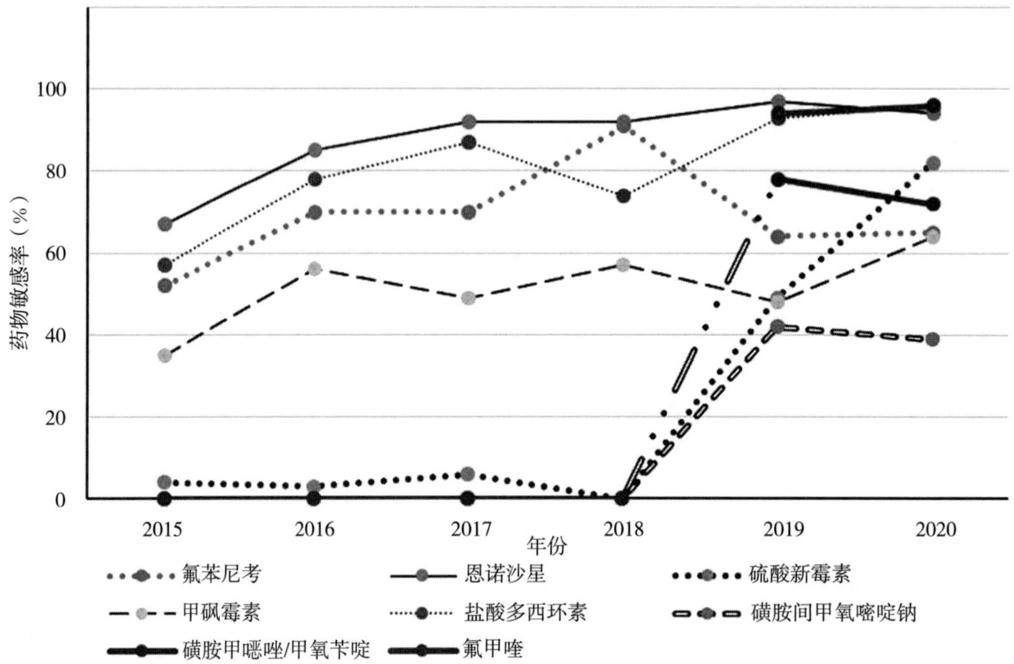

图 3 2015—2020 年弧菌属药物敏感趋势

三、分析与建议

1. 关于本地区水生动物病原菌监测和病原菌对水产用抗菌药物感受性的结论

弧菌在该地区的养殖大菱鲆体内广泛存在，不同养殖场、不同月份都有检出，春秋两季分离出的弧菌数量多于夏季。此次分离培养出弧菌属 330 株，鉴定出 16 个种类，其中大菱鲆弧菌的检出率最高，溶藻弧菌、大西洋弧菌、托兰宗弧菌、嗜环弧菌、巨大弧菌、缓慢弧菌、伦斯普卡斯弧菌、塔斯马尼亚弧菌、大牡蛎弧菌、卡那罗弧菌、灿烂弧菌等也均有检出。

药敏试验结果显示，弧菌总体表现为对恩诺沙星、盐酸多西环素、氟甲喹表现出高度敏感，其次为硫酸新霉素、磺胺甲噁唑/甲氧苄啶、磺胺间甲氧嘧啶钠、氟苯尼考和甲砜霉素。

2. 关于目前选择用药的建议

弧菌类疾病用药建议：从 2020 年度监测结果来看，弧菌对恩诺沙星、盐酸多西环素、氟甲喹表现出了较高的敏感性，表明这 3 种药物对弧菌具有明显的抑制作用，建议作为本地区今后治疗和预防弧菌类疾病的首选药物。病原菌对硫酸新霉素表现出了较高的敏感性，但随月份变化较为明显，建议结合当月当次药敏试验结果进行药物筛选。病原菌对磺胺甲噁唑/甲氧苄啶、磺胺间甲氧嘧啶钠、氟苯尼考、甲砜霉素虽表现出了相对的敏感性，在一定程度上能抑制菌株的生长，但明显呈两极分化趋势，结合该类药物的 MIC_{50}、MIC_{90}，说明本地弧菌株可能已经对这类药物产生了抗药性，需要根据实际情况进行使用。

根据上述结果，建议今后在养殖生产中使用药物时做到对症下药，滥用或过度使用药物不但不能起到防病治病的作用，反而会造成养殖环境中耐药菌株的增多。根据 MIC 选用有效治疗浓度，做到合理科学用药。

2020年江苏省水产养殖动物病原菌耐药性状况分析

刘肖汉　方　苹　陈　静　吴亚锋
（江苏省渔业技术推广中心）

为指导执业兽医师科学选择和使用水产用抗菌药物，江苏省渔业技术推广中心于2020年4—9月，从南京和镇江人工养殖水产动物体内分离病原菌，并测定其对水产用抗菌药物的感受性，现将结果公告如下。

一、材料与方法

1. 供试药物

2020年针对硫酸新霉素、氟苯尼考、恩诺沙星、甲砜霉素、盐酸多西环素、氟甲喹、磺胺间甲氧嘧啶钠和磺胺甲噁唑/甲氧苄啶8种水产用抗菌药物开展耐药性监测。

2. 供试菌株

2020年4—9月，从江苏省南京市浦口区永宁街道水产养殖户和江苏省渔业技术推广中心试验示范基地（位于镇江）饲养的游动缓慢的草鱼、鲫体内针对性分离气单胞菌，使用细菌16S rRNA基因和气单胞菌属“看家”基因 *gyrB* 进行种属鉴定，共分离鉴定出148株气单胞菌，其中维氏气单胞菌104株（占总数70.27%）、简达气单胞菌17株（占总数11.49%）、嗜水气单胞菌12株（占总数8.11%）、其他气单胞菌15株，菌株信息及分类统计见表1。

表1　菌株信息

菌种	菌株数（株）	占比（%）
维氏气单胞菌	104	70.27
简达气单胞菌	17	11.49
嗜水气单胞菌	12	8.11
豚鼠气单胞菌	5	3.38
温和气单胞菌	4	2.70
斑点气单胞菌	3	2.03
异嗜糖气单胞菌	2	1.35
肠棕气单胞菌	1	0.68
总计	148	—

3. 供试菌株最小抑菌浓度的测定

采用全国水产技术推广总站统一制定的药敏试验板，药敏试验板布局如表2所示，阴性、阳性对照仅加入 MH 培养基，其余孔均加入不同浓度的药物和 MH 培养基。

表 2　药敏试验板药物浓度

单位：μg/mL

药物名称	1	2	3	4	5	6	7	8	9	10	11	12
恩诺沙星	200	100	50	25	12.5	6.25	3.125	1.56	0.78	0.39	0.2	0.1
硫酸新霉素	200	100	50	25	12.5	6.25	3.125	1.56	0.78	0.39	0.2	0.1
甲砜霉素	200	100	50	25	12.5	6.25	3.125	1.56	0.78	0.39	0.2	0.1
氟苯尼考	200	100	50	25	12.5	6.25	3.125	1.56	0.78	0.39	0.2	0.1
盐酸多西环素	200	100	50	25	12.5	6.25	3.125	1.56	0.78	0.39	0.2	0.1
氟甲喹	200	100	50	25	12.5	6.25	3.125	1.56	0.78	0.39	0.2	0.1
磺胺间甲氧嘧啶钠	512	256	128	64	32	16	8	4	2	1	阳性对照	阳性对照
磺胺甲噁唑/甲氧苄啶	512/102	256/51.2	128/25.6	64/12.8	32/6.4	16/3.2	8/1.6	4/0.8	2/0.4	1/0.2	阴性对照	阴性对照

（1）菌悬液的制备

挑选平板上单菌落接种至适宜的液体培养基中，孵育 4～6 h，用无菌培养基校正，使菌液浓度达到 1.5×10^{8} CFU* /mL。用生理盐水将上述菌悬液进行 1∶100 的比例稀释后备用。

（2）上板

将稀释液倒入灭菌 V 形槽内，使用排枪将稀释菌液加入药敏试验板中，每孔 200 μL，使每孔菌液终浓度约为 10^{6} CFU/mL；阴性对照孔加生理盐水 200 μL。

（3）培养和判读

将药敏试验板置于培养箱中合适温度下培养 18～24 h 后观察。经肉眼观察，无细菌的生长孔中的药物浓度为最小药物浓度，即 MIC。

二、药敏测试结果

1. 气单胞菌对水产用抗菌药物的感受性

148 株气单胞菌对 8 种水产用抗菌药物感受性测定结果如表 3 至表 5 所示。恩诺沙星对气单胞菌的 MIC_{50} 最低，为 0.71 μg/mL；然后是氟甲喹和硫酸新霉素，分别为 1.67 μg/mL、1.84 μg/mL；磺胺间甲氧嘧啶钠的 MIC_{50} 最高，为 252.37 μg/mL。硫酸新霉素 MIC_{90} 最低，为 3.78 μg/mL，而甲砜霉素、氟苯尼考、盐酸多西环素、磺胺间甲氧嘧啶钠和磺胺甲噁唑/甲氧苄啶的 MIC_{90} 均达检测上限。

与 2019 年相比（图 1），恩诺沙星、硫酸新霉素和氟甲喹对气单胞菌的 MIC_{90} 呈下降趋势，其中，氟甲喹由 200 μg/mL 下降至 22.98 μg/mL，恩诺沙星和硫酸新霉素分别下降了 52.46%、71.19%；氟苯尼考和盐酸多西环素呈上升趋势，均达检测上限。比较参考菌株 ATCC 7966，2019 年氟甲喹对该菌的 MIC 均为 200 μg/mL，而 2020 年的 MIC 在 0.2～0.78 μg/mL，因此该变化可能是由药敏试验板药物的变化引起的。而 ATCC 7966 对其他 7 种水产用抗菌药物的敏感性则相对稳定。

---

* CFU 为菌落形成单位，下同。——编者注

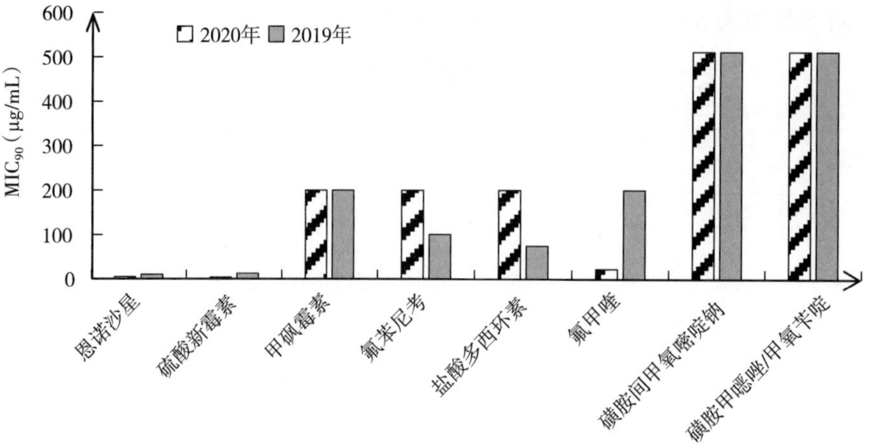

图 1 2019—2020 年 8 种水产用抗菌药物对水产动物气单胞菌的 MIC_{90}

表 3 气单胞菌对 6 种水产用抗菌药物的感受性

供试药物	MIC_{50}（μg/mL）	MIC_{90}（μg/mL）	菌株数（株）											
			药物浓度 200 μg/mL	药物浓度 100 μg/mL	药物浓度 50 μg/mL	药物浓度 25 μg/mL	药物浓度 12.5 μg/mL	药物浓度 6.25 μg/mL	药物浓度 3.13 μg/mL	药物浓度 1.56 μg/mL	药物浓度 0.78 μg/mL	药物浓度 0.39 μg/mL	药物浓度 0.20 μg/mL	药物浓度 0.10 μg/mL
恩诺沙星	0.71	4.73			1	2	7	12	24	31	26	14	14	18
硫酸新霉素	1.84	3.78					3	21	70	44	11			
甲砜霉素	68.71	200	98	9	7	3	3	5	12	11	1			
氟苯尼考	26.73	200	53	9	19	25	12	2	12	15	2			
盐酸多西环素	18.43	200	41	20	23	4	12	11	17	5	6	6	3	1
氟甲喹	1.67	22.98	4	1	3	23	14	13	20	22	9	12	17	11

表 4 气单胞菌对磺胺间甲氧嘧啶钠的感受性

供试药物	MIC_{50}（μg/mL）	MIC_{90}（μg/mL）	菌株数（株）									
			药物浓度 512 μg/mL	药物浓度 256 μg/mL	药物浓度 128 μg/mL	药物浓度 64 μg/mL	药物浓度 32 μg/mL	药物浓度 16 μg/mL	药物浓度 8 μg/mL	药物浓度 4 μg/mL	药物浓度 2 μg/mL	药物浓度 1 μg/mL
磺胺间甲氧嘧啶钠	252.37	512	100	19	19	3	2	2	2			2

表 5 气单胞菌对磺胺甲噁唑/甲氧苄啶的感受性

供试药物	MIC_{50}（μg/mL）	MIC_{90}（μg/mL）	菌株数（株）									
			药物浓度 512/102 μg/mL	药物浓度 256/51.2 μg/mL	药物浓度 128/25.6 μg/mL	药物浓度 64/12.8 μg/mL	药物浓度 32/6.4 μg/mL	药物浓度 16/3.2 μg/mL	药物浓度 8/1.6 μg/mL	药物浓度 4/0.8 μg/mL	药物浓度 2/0.4 μg/mL	药物浓度 1/0.2 μg/mL
磺胺甲噁唑/甲氧苄啶	144.68/28.92	512/102	68	19	26	23	7	4			1	1

2. 不同气单胞菌对水产用抗菌药物的感受性

(1)嗜水气单胞菌对水产用抗菌药物的感受性

嗜水气单胞菌是引起水产养殖动物细菌性败血症等疾病的主要病原菌之一。12株嗜水气单胞菌对8种水产用抗菌药物感受性测定结果如表6至表8所示。菌株对恩诺沙星和硫酸新霉素较敏感，MIC_{50}分别为0.65 μg/mL、0.98 μg/mL；对磺胺类药物和甲砜霉素相对耐药，MIC_{90}均达到或接近检测上限。

表6 嗜水气单胞菌对6种水产用抗菌药物的感受性

供试药物	MIC_{50} (μg/mL)	MIC_{90} (μg/mL)	菌株数（株）											
			药物浓度 200 μg/mL	药物浓度 100 μg/mL	药物浓度 50 μg/mL	药物浓度 25 μg/mL	药物浓度 12.5 μg/mL	药物浓度 6.25 μg/mL	药物浓度 3.13 μg/mL	药物浓度 1.56 μg/mL	药物浓度 0.78 μg/mL	药物浓度 0.39 μg/mL	药物浓度 0.20 μg/mL	药物浓度 0.10 μg/mL
恩诺沙星	0.65	2.92					1			4	5		1	1
硫酸新霉素	0.98	1.71							2	6	4			
甲砜霉素	17.44	200	5			1		1	5					
氟苯尼考	11.92	118.13	3	1		1	1		6					
盐酸多西环素	6.5	43.42		2	2			2	4	2				
氟甲喹	1.52	8.12				1		2	4	3			2	

表7 嗜水气单胞菌对磺胺间甲氧嘧啶钠的感受性

供试药物	MIC_{50} (μg/mL)	MIC_{90} (μg/mL)	菌株数（株）									
			药物浓度 512 μg/mL	药物浓度 256 μg/mL	药物浓度 128 μg/mL	药物浓度 64 μg/mL	药物浓度 32 μg/mL	药物浓度 16 μg/mL	药物浓度 8 μg/mL	药物浓度 4 μg/mL	药物浓度 2 μg/mL	药物浓度 1 μg/mL
磺胺间甲氧嘧啶钠	196.02	467.31	5	4	3							

表8 嗜水气单胞菌对磺胺甲噁唑/甲氧苄啶的感受性

供试药物	MIC_{50} (μg/mL)	MIC_{90} (μg/mL)	菌株数（株）									
			药物浓度 512/102 μg/mL	药物浓度 256/51.2 μg/mL	药物浓度 128/25.6 μg/mL	药物浓度 64/12.8 μg/mL	药物浓度 32/6.4 μg/mL	药物浓度 16/3.2 μg/mL	药物浓度 8/1.6 μg/mL	药物浓度 4/0.8 μg/mL	药物浓度 2/0.4 μg/mL	药物浓度 1/0.2 μg/mL
磺胺甲噁唑/甲氧苄啶	121.39/24.27	357.61/71.47	4		6	1	1					

(2)维氏气单胞菌对水产用抗菌药物的感受性

维氏气单胞菌也可引起水生动物细菌性败血症等疾病。104株维氏气单胞菌对各种水产用抗菌药物感受性测定结果如表9至表11所示。这些菌株对恩诺沙星和硫酸新霉素较敏感，MIC_{50}分别为0.67 μg/mL、2.15 μg/mL，MIC_{90}也较低；而对磺胺类药物较耐药，MIC_{90}均达检测上限，且MIC_{50}均超过100 μg/mL；同时对甲砜霉素、氟苯尼考和盐酸多西环素的耐药性也相对较高，MIC_{90}均达检测上限。

表 9　维氏气单胞菌对 6 种水产用抗菌药物的感受性

供试药物	MIC_{50} (μg/mL)	MIC_{90} (μg/mL)	菌株数（株）											
			药物浓度 200 μg/mL	药物浓度 100 μg/mL	药物浓度 50 μg/mL	药物浓度 25 μg/mL	药物浓度 12.5 μg/mL	药物浓度 6.25 μg/mL	药物浓度 3.13 μg/mL	药物浓度 1.56 μg/mL	药物浓度 0.78 μg/mL	药物浓度 0.39 μg/mL	药物浓度 0.20 μg/mL	药物浓度 0.10 μg/mL
恩诺沙星	0.67	4.52				1	5	9	20	20	13	10	12	14
硫酸新霉素	2.15	4.24					3	19	58	20	4			
甲砜霉素	69.66	200	68	6	7	2	3	2	6	9	1			
氟苯尼考	23.71	200	31	7	16	19	11	2	3	13	2			
盐酸多西环素	17.42	200	28	14	15	2	11	7	12	3	4	5	2	1
氟甲喹	1.9	27.63	4	1	2	19	9	6	13	15	8	11	10	6

表 10　维氏气单胞菌对磺胺间甲氧嘧啶钠的感受性

供试药物	MIC_{50} (μg/mL)	MIC_{90} (μg/mL)	菌株数（株）									
			药物浓度 512 μg/mL	药物浓度 256 μg/mL	药物浓度 128 μg/mL	药物浓度 64 μg/mL	药物浓度 32 μg/mL	药物浓度 16 μg/mL	药物浓度 8 μg/mL	药物浓度 4 μg/mL	药物浓度 2 μg/mL	药物浓度 1 μg/mL
磺胺间甲氧嘧啶钠	264.87	512	70	13	14	2		1	2			2

表 11　维氏气单胞菌对磺胺甲噁唑/甲氧苄啶的感受性

供试药物	MIC_{50} (μg/mL)	MIC_{90} (μg/mL)	菌株数（株）									
			药物浓度 512/102 μg/mL	药物浓度 256/51.2 μg/mL	药物浓度 128/25.6 μg/mL	药物浓度 64/12.8 μg/mL	药物浓度 32/6.4 μg/mL	药物浓度 16/3.2 μg/mL	药物浓度 8/1.6 μg/mL	药物浓度 4/0.8 μg/mL	药物浓度 2/0.4 μg/mL	药物浓度 1/0.2 μg/mL
磺胺甲噁唑/甲氧苄啶	135.35/27.06	512/102	44	16	16	18	5	3			1	1

（3）简达气单胞菌对水产用抗菌药物的感受性

简达气单胞菌可以引起水生动物肠炎等疾病，为条件致病菌。17 株简达气单胞菌对各种水产用抗菌药物感受性测定结果如表 12 至表 14 所示，对恩诺沙星和硫酸新霉素较敏感，MIC_{90}分别为 4.54 μg/mL、2.39 μg/mL；而磺胺类药物 MIC_{90}最高，均达检测上限。

表 12　简达气单胞菌对 6 种水产用抗菌药物的感受性

供试药物	MIC_{50} (μg/mL)	MIC_{90} (μg/mL)	菌株数（株）											
			药物浓度 200 μg/mL	药物浓度 100 μg/mL	药物浓度 50 μg/mL	药物浓度 25 μg/mL	药物浓度 12.5 μg/mL	药物浓度 6.25 μg/mL	药物浓度 3.13 μg/mL	药物浓度 1.56 μg/mL	药物浓度 0.78 μg/mL	药物浓度 0.39 μg/mL	药物浓度 0.20 μg/mL	药物浓度 0.10 μg/mL
恩诺沙星	1.19	4.54				1		2	2	5	5	2		

（续）

供试药物	MIC50 (μg/mL)	MIC90 (μg/mL)	菌株数（株）											
			药物浓度 200 μg/mL	药物浓度 100 μg/mL	药物浓度 50 μg/mL	药物浓度 25 μg/mL	药物浓度 12.5 μg/mL	药物浓度 6.25 μg/mL	药物浓度 3.13 μg/mL	药物浓度 1.56 μg/mL	药物浓度 0.78 μg/mL	药物浓度 0.39 μg/mL	药物浓度 0.20 μg/mL	药物浓度 0.10 μg/mL
硫酸新霉素	1.36	2.39						1	4	11	1			
甲砜霉素	145.67	200	14	2						1				
氟苯尼考	94.9	200	13			3				1				
盐酸多西环素	38.85	200	5	3	5	2			1		1			
氟甲喹	1.96	20.24				2	4	4	1	2		1	1	2

表 13　简达气单胞菌对磺胺间甲氧嘧啶钠的感受性

供试药物	MIC50 (μg/mL)	MIC90 (μg/mL)	菌株数（株）									
			药物浓度 512 μg/mL	药物浓度 256 μg/mL	药物浓度 128 μg/mL	药物浓度 64 μg/mL	药物浓度 32 μg/mL	药物浓度 16 μg/mL	药物浓度 8 μg/mL	药物浓度 4 μg/mL	药物浓度 2 μg/mL	药物浓度 1 μg/mL
磺胺间甲氧嘧啶钠	268.42	512	14	1		1	1					

表 14　简达气单胞菌对磺胺甲噁唑/甲氧苄啶的感受性

供试药物	MIC50 (μg/mL)	MIC90 (μg/mL)	菌株数（株）									
			药物浓度 512/102 μg/mL	药物浓度 256/51.2 μg/mL	药物浓度 128/25.6 μg/mL	药物浓度 64/12.8 μg/mL	药物浓度 32/6.4 μg/mL	药物浓度 16/3.2 μg/mL	药物浓度 8/1.6 μg/mL	药物浓度 4/0.8 μg/mL	药物浓度 2/0.4 μg/mL	药物浓度 1/0.2 μg/mL
磺胺甲噁唑/甲氧苄啶	224.6/44.88	512/102	12	1	2	1		1				

（4）其他气单胞菌对水产用抗菌药物的感受性

其他气单胞菌也是引起水生动物肠炎等疾病的致病细菌。如表 15 至表 17 所示，其他气单胞菌对各种水产用抗菌药物的感受性与维氏气单胞菌、嗜水气单胞菌和简达气单胞菌相似，对恩诺沙星和硫酸新霉素较敏感，而对甲砜霉素、氟苯尼考、盐酸多西环素、磺胺间甲氧嘧啶钠、磺胺甲噁唑/甲氧苄啶相对耐药。

表 15　其他气单胞菌对 6 种水产用抗菌药物的感受性

供试药物	MIC50 (μg/mL)	MIC90 (μg/mL)	菌株数（株）											
			药物浓度 200 μg/mL	药物浓度 100 μg/mL	药物浓度 50 μg/mL	药物浓度 25 μg/mL	药物浓度 12.5 μg/mL	药物浓度 6.25 μg/mL	药物浓度 3.13 μg/mL	药物浓度 1.56 μg/mL	药物浓度 0.78 μg/mL	药物浓度 0.39 μg/mL	药物浓度 0.20 μg/mL	药物浓度 0.10 μg/mL
恩诺沙星	0.64	7.65			1		1	1	2	2	3	2	1	3

（续）

供试药物	MIC50（μg/mL）	MIC90（μg/mL）	菌株数（株） 药物浓度 200 μg/mL	药物浓度 100 μg/mL	药物浓度 50 μg/mL	药物浓度 25 μg/mL	药物浓度 12.5 μg/mL	药物浓度 6.25 μg/mL	药物浓度 3.13 μg/mL	药物浓度 1.56 μg/mL	药物浓度 0.78 μg/mL	药物浓度 0.39 μg/mL	药物浓度 0.20 μg/mL	药物浓度 0.10 μg/mL
硫酸新霉素	1.42	2.7						1	6	7	2			
甲砜霉素	69.02	200	11	1				2	1	1				
氟苯尼考	29.59	200	6	1	3	2			3	1				
盐酸多西环素	31.04	200	8	1	1		1	2			1	1	1	
氟甲喹	0.60	11.85			1	1	1	1	2	2	1		4	3

表 16 其他气单胞菌对磺胺间甲氧嘧啶钠的感受性

供试药物	MIC50（μg/mL）	MIC90（μg/mL）	菌株数（株） 药物浓度 512 μg/mL	药物浓度 256 μg/mL	药物浓度 128 μg/mL	药物浓度 64 μg/mL	药物浓度 32 μg/mL	药物浓度 16 μg/mL	药物浓度 8 μg/mL	药物浓度 4 μg/mL	药物浓度 2 μg/mL	药物浓度 1 μg/mL
磺胺间甲氧嘧啶钠	212.24	512	11	1	2		1	1				

表 17 其他气单胞菌对磺胺甲噁唑/甲氧苄啶的感受性

供试药物	MIC50（μg/mL）	MIC90（μg/mL）	菌株数（株） 药物浓度 512/102 μg/mL	药物浓度 256/51.2 μg/mL	药物浓度 128/25.6 μg/mL	药物浓度 64/12.8 μg/mL	药物浓度 32/6.4 μg/mL	药物浓度 16/3.2 μg/mL	药物浓度 8/1.6 μg/mL	药物浓度 4/0.8 μg/mL	药物浓度 2/0.4 μg/mL	药物浓度 1/0.2 μg/mL
磺胺甲噁唑/甲氧苄啶	159.75/31.93	512/102	8	2	2	3	1					

比较不同种气单胞菌对水产用抗菌药物的感受性，结果如表 18 所示。除硫酸新霉素外，7 种水产用抗菌药物对简达气单胞菌的 MIC_{50} 均不低于其他几种气单胞菌，其中盐酸多西环素、氟苯尼考的 MIC_{50} 分别为嗜水气单胞菌的 6 倍和 5.4 倍；从 MIC_{90} 角度分析，除恩诺沙星外，7 种水产用抗菌药物对维氏气单胞菌的 MIC_{90} 均高于其他几种气单胞菌。总体表现为：维氏气单胞菌＝简达气单胞菌＞嗜水气单胞菌＞其他气单胞菌。恩诺沙星和硫酸新霉素对不同种的气单胞菌的 MIC_{50}、MIC_{90} 较低，表明这两种药物可以作为治疗气单胞菌病的首选药物。

表 18 8 种水产用抗菌药物对不同气单胞菌的 MIC_{50} 和 MIC_{90}（μg/mL）

供试药物	MIC50 维氏气单胞菌	MIC50 嗜水气单胞菌	MIC50 简达气单胞菌	MIC50 其他气单胞菌	MIC90 维氏气单胞菌	MIC90 嗜水气单胞菌	MIC90 简达气单胞菌	MIC90 其他气单胞菌
恩诺沙星	0.67	0.65	1.19	0.64	4.52	2.92	4.54	7.65

（续）

供试药物	MIC_{50}				MIC_{90}			
	维氏气单胞菌	嗜水气单胞菌	简达气单胞菌	其他气单胞菌	维氏气单胞菌	嗜水气单胞菌	简达气单胞菌	其他气单胞菌
硫酸新霉素	2.15	0.98	1.36	1.42	4.24	1.71	2.39	2.7
甲砜霉素	69.66	17.44	145.67	69.02	200	200	200	200
氟苯尼考	23.71	11.92	94.9	29.59	200	118.13	200	200
盐酸多西环素	17.42	6.5	38.85	31.04	200	43.42	200	200
氟甲喹	1.9	1.52	1.96	0.6	27.63	8.12	20.24	11.85
磺胺间甲氧嘧啶钠	264.87	196.02	268.42	212.24	512	467.31	512	512
磺胺甲噁唑/甲氧苄啶	135.35/27.06	121.39/24.27	224.6/44.88	159.75/31.93	512/102	357.61/71.47	512/102	512/102

3. 不同来源气单胞菌对水产用抗菌药物的感受性

比较不同来源气单胞菌对8种水产用抗菌药物的感受性，结果如表19所示。硫酸新霉素、甲砜霉素和氟苯尼考对草鱼源气单胞菌的MIC_{50}均显著高于鲫源气单胞菌，而恩诺沙星、盐酸多西环素和磺胺间甲氧嘧啶钠对两种来源的气单胞菌的MIC_{50}相差不大。从MIC_{90}角度分析，硫酸新霉素、磺胺间甲氧嘧啶钠对草鱼源气单胞菌的MIC_{90}显著高于鲫源，而除氟甲喹之外的另5种水产用抗菌药物则相差不大。总体来看，草鱼源气单胞菌对8种水产用抗菌药物的耐药性高于鲫源气单胞菌。两种鱼饲养在同一个养殖场、同一种水生环境中，耐药性的差异可能跟鱼种的药物代谢水平、吃食习惯等有关。

表19　8种水产用抗菌药物对不同来源气单胞菌的MIC_{50}和MIC_{90}

单位：μg/mL

供试药物	MIC_{50}		MIC_{90}	
	鲫	草鱼	鲫	草鱼
恩诺沙星	0.72	0.62	4.84	3.52
硫酸新霉素	1.88	5.69	3.84	11.73
甲砜霉素	65.7	113.91	200	200
氟苯尼考	25.28	61.85	200	200
盐酸多西环素	18.4	19.13	200	200
氟甲喹	1.73	1.09	23.97	12.32
磺胺间甲氧嘧啶钠	254	230.09	200	512
磺胺甲噁唑/甲氧苄啶	144.08/28.8	152.37/30.46	512/102	512/102

4. 试点养殖场气单胞菌对水产用抗菌药物的感受性

比较浦口区汤农养殖场（以下简称浦口汤农）和江苏省渔业技术推广中心扬中试验示范基地（以下简称扬中基地）分离的气单胞菌对8种水产用抗菌药物的感受性，结果见表20。甲砜霉素、氟苯尼考、盐酸多西环素和磺胺类药物对浦口汤农的气单胞菌的MIC_{50}均显著高于扬中基地分离株，而恩诺沙星和硫酸新霉素二者差异不大；从MIC_{90}角度分析，甲砜霉素、恩诺沙星等水产用抗菌药物对两个养殖场的气单胞菌的 MIC_{90} 无显著差异，只是硫酸新霉素对扬中基地分离株的 MIC_{90} 稍高，而氟苯尼考对浦口汤农分离株的 MIC_{90} 较高。总体来看，浦口汤农分离的气单胞菌总体耐药性要高于扬中基地分离株，表明不同养殖场用药习惯对菌株的耐药性有一定影响。

表 20　8 种水产用抗菌药物对不同试点气单胞菌的 MIC_{50} 和 MIC_{90}

单位：μg/mL

供试药物	MIC_{50}		MIC_{90}	
	扬中基地	浦口汤农	扬中基地	浦口汤农
恩诺沙星	0.69	0.73	4.25	5.21
硫酸新霉素	2	1.67	4.71	2.9
甲砜霉素	41.36	103.5	200	200
氟苯尼考	11.15	66.03	81.54	200
盐酸多西环素	12.9	25.51	200.00	200.00
氟甲喹	1.53	1.81	23.58	22.28
磺胺间甲氧嘧啶钠	179.04	291	512	512
磺胺甲噁唑/甲氧苄啶	89.93/17.98	236.28/47.22	422.24/84.39	512/102

5. 2015—2020 年气单胞菌对水产用抗菌药物的感受性变化

比较 2015—2020 年试点养殖场恩诺沙星和氟苯尼考对气单胞菌分离株的 MIC 变化趋势（因为恩诺沙星和氟苯尼考在江苏省水产养殖场中大量使用，所以着重分析这两种水产用抗菌药物），结果见图 2、表 21。6 年来，恩诺沙星对气单胞菌的 MIC_{50} 始终保持较低水平，最高也仅为 1.31 μg/mL；MIC_{90} 较高，最高达 10.89 μg/mL；MIC_{50}、MIC_{90} 变化趋势一致，总体呈现出先上升后下降的趋势。氟苯尼考对气单胞菌的 MIC_{50} 在 2015—2018 年始终保持较低水平，最高为 2015 年的 2.11 μg/mL，然后在 2019 年显著升高，至 26.73 μg/mL；MIC_{90} 则始终保持上升趋势，至 2020 年达到检测上限。分析其原因，一是临床上近年来大量使用氟苯尼考，导致菌株耐药性的提高；二是更换药敏试验板，原料药和检测方法的改变导致检测结果发生变化。

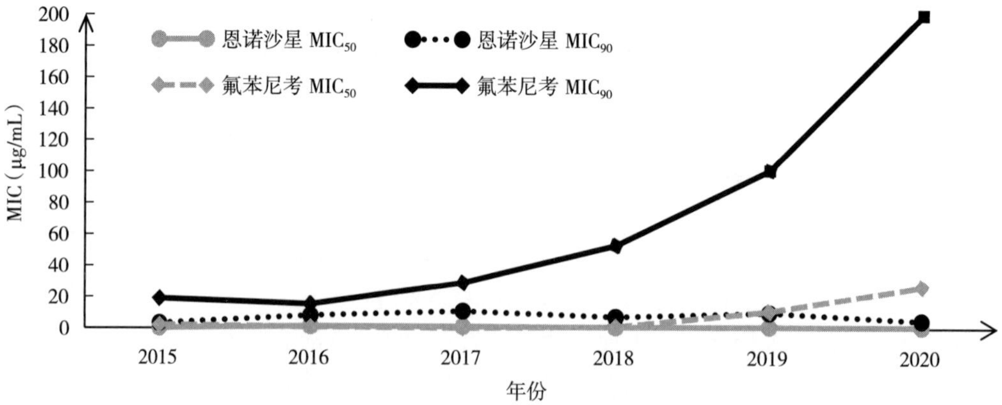

图 2　2015—2020 年恩诺沙星和氟苯尼考对气单胞菌的 MIC

表21 2015—2020年气单胞菌对恩诺沙星和氟苯尼考的 MIC_{50} 和 MIC_{90}

单位：μg/mL

年份	恩诺沙星		氟苯尼考	
	MIC_{50}	MIC_{90}	MIC_{50}	MIC_{90}
2015	0.23	3.2	2.11	18.92
2016	1.31	8.14	0.84	15.35
2017	1.12	10.89	0.24	29.05
2018	0.68	7.26	0.96	52.97
2019	0.95	9.95	10.86	100.82
2020	0.71	4.73	26.73	200

三、分析与建议

1. 关于水生动物致病菌药物感受性的分析

2020年受疫情等其他因素的影响，全年共采集样品10批次，分离鉴定出148株气单胞菌，药敏试验结果表明，气单胞菌对恩诺沙星和硫酸新霉素最敏感，且 MIC_{90} 进一步呈下降趋势；而气单胞菌对氟苯尼考和盐酸多西环素的耐药性不断提高，其中对氟苯尼考的耐药性持续上升6年，需要加强警惕和监测。养殖场用药习惯以及鱼种的药物代谢水平、吃食习惯等因素对菌株的耐药性均有一定影响，检测结果显示，草鱼源气单胞菌对8种水产用抗菌药物的耐药性高于鲫源气单胞菌，浦口汤农的气单胞菌总体耐药性要高于扬中基地分离株，其正确性还有待进一步开展持续的跟踪检测。

2. 关于目前选择用药的建议

从目前的试验结果来看，建议养殖户选用恩诺沙星和硫酸新霉素进行细菌性疾病的治疗，但必须严格按照药敏试验结果和药代动力学原理确定剂量和药程。

2020年浙江省水产养殖动物病原菌耐药性状况分析

梁倩蓉[1] 朱凝瑜[1] 丁雪燕[1] 范正利[2]
(1. 浙江省水产技术推广总站 2. 温州市渔业技术推广站)

为了解和掌握水产养殖主要病原菌耐药性情况及变化规律，指导渔民科学使用水产用抗菌药物，提高细菌性病害防控成效，推动渔业绿色高质量发展，2020年，浙江省在全省水产养殖病害测报、省主要养殖品种重大疫病监控与流行病学调查工作的基础上，对杭州、嘉兴、湖州、宁波、温州等5个市23个点的水生动物常见病原菌进行耐药性分析，具体结果如下。

一、材料和方法

1. 样品采集

2—10月每月从监测点上采样1次，样品种类包括中华鳖、加州鲈、黄颡鱼和大黄鱼等，挑选有症状的个体3～5只（尾）。

2. 病原菌分离筛选

常规无菌操作取样品的肝、脾、肾以及其他相关病灶组织，在牛脑心浸出液固体平板上划线接种，28℃培养过夜。次日，分离优势单菌落进行再培养。

3. 病原菌鉴定及保存

分离纯化后，采用VITEK 2 Compact全自动细菌检定仪进行鉴定，并保存在含20%甘油-牛脑心浸出液中，置于−80℃冰箱。

4. 药敏试验

将纯化后的菌落用无菌生理盐水调至合适浓度，按说明书稀释后加入药敏试验板，28℃培养24～28 h。根据培养后孔板的浊度读板，确定恩诺沙星、硫酸新霉素、甲砜霉素、氟苯尼考、盐酸多西环素、氟甲喹、磺胺间甲氧嘧啶钠、磺胺甲噁唑/甲氧苄啶等8种药物对菌株的MIC，汇总数据计算MIC_{50}和MIC_{90}并分析比较。

二、药敏测试结果

1. 病原菌分离鉴定总体情况

2020年度在浙江省主养淡水养殖品种中共分离到283株细菌，其中中华鳖源菌株146株，加州鲈源菌株45株，黄颡鱼源菌株72株，其他淡水品种源菌株20株；在海水养殖品种中共分离到34株细菌，其中大黄鱼源菌株27株，其他海水养殖品种源菌株7株。

经统计，2020年度从淡水养殖品种体内分离的细菌主要是气单胞菌（54.1%）、少动鞘氨醇单胞菌（11.0%）、类志贺邻单胞菌（4.9%）、爱德华氏菌（4.2%）、芽孢杆菌（3.9%）及假单胞菌（3.9%）等（图1）；从海水养殖品种体内分离的病原菌主要是哈维氏弧菌（35.3%）、假单胞菌（32.4%）、美人鱼发光杆菌（11.8%）和鰤鱼诺卡氏菌（5.9%）等（图2）。

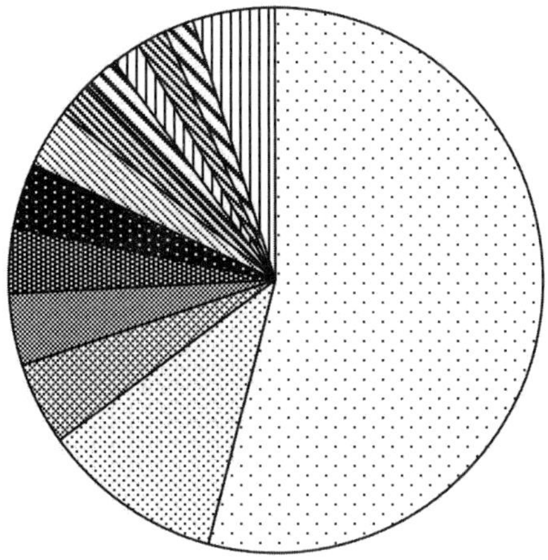

图1　2020年度浙江省淡水养殖品种病原菌分离概况

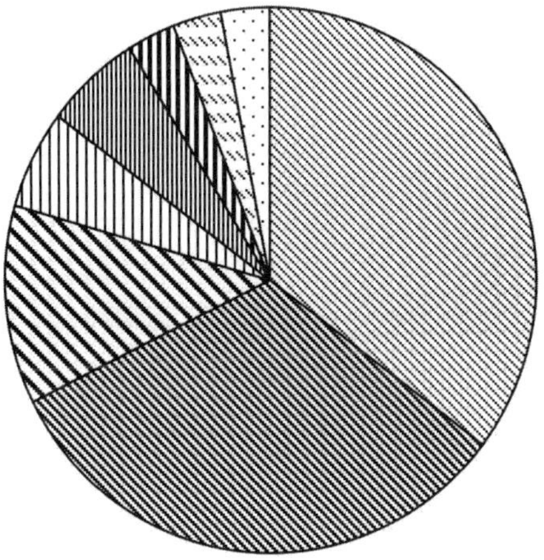

图2　2020年度浙江省海水养殖品种病原菌分离概况

2. 病原菌耐药性分析

(1) 不同动物来源菌株对抗菌药物的感受性

从以中华鳖、加州鲈、黄颡鱼为主的淡水养殖品种和以大黄鱼为主的海水养殖品种中所分离的半数菌株耐药性（MIC_{50}）呈现一定相似规律，即对恩诺沙星、硫酸新霉素、盐酸多西环素、氟甲喹等药物的耐受浓度均较低（$MIC_{50} \leqslant 8\ \mu g/mL$），而对磺胺类药物的耐受浓度均较高（$MIC_{50} > 8\ \mu g/mL$）。但对于甲砜霉素、氟苯尼考两种药物，不同动物来源病原菌呈现出不同耐受性，即大黄鱼源病原菌对两种药物均敏感，而中华鳖源病原菌对两种药物均耐受；加州鲈源和黄颡鱼源病原菌耐受甲砜霉素而对氟苯尼考敏感（表 1）。

所分离的 90%菌株耐药性（MIC_{90}）呈现相似规律，主要表现为对甲砜霉素、氟苯尼考、磺胺类等药物均耐受（$MIC_{90}>8$ μg/mL）。而对于恩诺沙星、硫酸新霉素、盐酸多西环素、氟甲喹等药物，不同动物来源的菌株呈现出不同耐受性，即大黄鱼源病原菌对 4 种药物均敏感，中华鳖源和黄颡鱼源病原菌对 4 种药物均耐受，而加州鲈源病原菌对恩诺沙星敏感而对其余 3 种药物耐受（表 2）。

表 1　2020 年 8 种药物对浙江省不同养殖品种分离菌株 MIC_{50}

单位：μg/mL

养殖品种	恩诺沙星	硫酸新霉素	甲砜霉素	氟苯尼考	盐酸多西环素	氟甲喹	磺胺间甲氧嘧啶钠	磺胺甲噁唑/甲氧苄啶
中华鳖	0.39	1.56	200	100	3.13	3.13	512	512/102
加州鲈	0.39	3.13	25	3.13	1.56	0.78	256	128/25.6
黄颡鱼	1.56	3.13	12.5	6.25	0.78	6.25	512	256/51.2
大黄鱼	0.2	0.39	3.13	1.56	0.1	0.1	64	32/6.4

表 2　2020 年 8 种药物对浙江省不同养殖品种分离菌株 MIC_{90}

单位：μg/mL

养殖品种	恩诺沙星	硫酸新霉素	甲砜霉素	氟苯尼考	盐酸多西环素	氟甲喹	磺胺间甲氧嘧啶钠	磺胺甲噁唑/甲氧苄啶
中华鳖	12.5	25	200	200	200	50	512	512/102
加州鲈	6.25	200	200	200	25	25	512	512/102
黄颡鱼	25	25	200	200	25	50	512	512/102
大黄鱼	1.56	1.56	100	100	0.78	3.13	512	512/102

①中华鳖源菌株

患病中华鳖体内分离的半数细菌对恩诺沙星、盐酸多西环素、硫酸新霉素、氟甲喹的耐受浓度较低（$MIC_{50}\leqslant3.13$ μg/mL），而对磺胺类药物、甲砜霉素以及氟苯尼考的耐受浓度较高（$MIC_{50}\geqslant100$ μg/mL）；分离 90%菌株对 8 种药物均耐受（$MIC_{90}\geqslant12.5$ μg/mL）（表 3 至表 5）。

表 3　6 种药物对中华鳖源菌株的 MIC_{50} 和 MIC_{90}

供试药物	MIC_{50}（μg/mL）	MIC_{90}（μg/mL）	菌株数（株）											
			药物浓度 200 μg/mL	药物浓度 100 μg/mL	药物浓度 50 μg/mL	药物浓度 25 μg/mL	药物浓度 12.5 μg/mL	药物浓度 6.25 μg/mL	药物浓度 3.13 μg/mL	药物浓度 1.56 μg/mL	药物浓度 0.78 μg/mL	药物浓度 0.39 μg/mL	药物浓度 0.20 μg/mL	药物浓度 0.10 μg/mL
恩诺沙星	0.39	12.5	2	3	6	3	4	5	8	15	21	16	18	45
硫酸新霉素	1.56	25	3	5	5	7	8	14	16	38	25	11	8	6
甲砜霉素	200	200	104	3	4	12	7	5	5	4	1	1		
氟苯尼考	100	200	71	14	8	4	10	3	1	14	15	6		
盐酸多西环素	3.13	200	18	10	6	10	10	15	18	12	12	4	3	28
氟甲喹	3.13	50	7	2	5	11	17	19	16	5	12	12	16	24

表4 磺胺间甲氧嘧啶钠对中华鳖源菌株的 MIC_{50} 和 MIC_{90}

供试药物	MIC_{50}（μg/mL）	MIC_{90}（μg/mL）	菌株数（株）									
			药物浓度 512 μg/mL	药物浓度 256 μg/mL	药物浓度 128 μg/mL	药物浓度 64 μg/mL	药物浓度 32 μg/mL	药物浓度 16 μg/mL	药物浓度 8 μg/mL	药物浓度 4 μg/mL	药物浓度 2 μg/mL	药物浓度 1 μg/mL
磺胺间甲氧嘧啶钠	512	512	98	6	16	10	8	2	1	3	1	1

表5 磺胺甲噁唑/甲氧苄啶对中华鳖源菌株的 MIC_{50} 和 MIC_{90}

供试药物	MIC_{50}（μg/mL）	MIC_{90}（μg/mL）	菌株数（株）									
			药物浓度 512/102 μg/mL	药物浓度 256/51.2 μg/mL	药物浓度 128/25.6 μg/mL	药物浓度 64/12.8 μg/mL	药物浓度 32/6.4 μg/mL	药物浓度 16/3.2 μg/mL	药物浓度 8/1.6 μg/mL	药物浓度 4/0.8 μg/mL	药物浓度 2/0.4 μg/mL	药物浓度 1/0.2 μg/mL
磺胺甲噁唑/甲氧苄啶	512/102	512/102	88	11	10	12	8	8	4	1	2	2

②加州鲈源菌株

患病加州鲈体内分离的半数细菌对恩诺沙星、盐酸多西环素、硫酸新霉素、氟甲喹、氟苯尼考的耐受浓度较低（MIC_{50}≤3.13 μg/mL），而对磺胺类药物以及甲砜霉素的耐受浓度较高（MIC_{50}≥25 μg/mL）；分离的90%菌株对恩诺沙星敏感（MIC_{90}≤6.25 μg/mL），而对其余7种药物耐受（MIC_{90}≥25 μg/mL）（表6至表8）。

表6 6种药物对加州鲈源菌株的 MIC_{50} 和 MIC_{90}

供试药物	MIC_{50}（μg/mL）	MIC_{90}（μg/mL）	菌株数（株）											
			药物浓度 200 μg/mL	药物浓度 100 μg/mL	药物浓度 50 μg/mL	药物浓度 25 μg/mL	药物浓度 12.5 μg/mL	药物浓度 6.25 μg/mL	药物浓度 3.13 μg/mL	药物浓度 1.56 μg/mL	药物浓度 0.78 μg/mL	药物浓度 0.39 μg/mL	药物浓度 0.20 μg/mL	药物浓度 0.10 μg/mL
恩诺沙星	0.39	6.25			2		1	2		1	6	10	8	15
硫酸新霉素	3.13	200	6			1		5	10	9	7	3	3	1
甲砜霉素	25	200	18	2		3	1	1	6	11	2	1		
氟苯尼考	3.13	200	6	5	5	3		1	5	4	15	1		
盐酸多西环素	1.56	25	1			4	2	5	4	6	4	3	2	14
氟甲喹	0.78	25		2	1	4	3	3	3	5	3	7	6	8

表7 磺胺间甲氧嘧啶钠对加州鲈源菌株的 MIC_{50} 和 MIC_{90}

供试药物	MIC_{50}（μg/mL）	MIC_{90}（μg/mL）	菌株数（株）									
			药物浓度 512 μg/mL	药物浓度 256 μg/mL	药物浓度 128 μg/mL	药物浓度 64 μg/mL	药物浓度 32 μg/mL	药物浓度 16 μg/mL	药物浓度 8 μg/mL	药物浓度 4 μg/mL	药物浓度 2 μg/mL	药物浓度 1 μg/mL
磺胺间甲氧嘧啶钠	256	512	15	8	8	3	2	5		4		

表 8 磺胺甲噁唑/甲氧苄啶对加州鲈源菌株的 MIC_{50} 和 MIC_{90}

供试药物	MIC_{50} (μg/mL)	MIC_{90} (μg/mL)	菌株数（株）									
			药物浓度 512/102 μg/mL	药物浓度 256/51.2 μg/mL	药物浓度 128/25.6 μg/mL	药物浓度 64/12.8 μg/mL	药物浓度 32/6.4 μg/mL	药物浓度 16/3.2 μg/mL	药物浓度 8/1.6 μg/mL	药物浓度 4/0.8 μg/mL	药物浓度 2/0.4 μg/mL	药物浓度 1/0.2 μg/mL
磺胺甲噁唑/甲氧苄啶	128/25.6	512/102	14	1	8	8	4	3		3		4

③黄颡鱼源菌株

患病大黄鱼体内分离的半数细菌对恩诺沙星、盐酸多西环素、硫酸新霉素、氟甲喹、氟苯尼考的耐受浓度较低（MIC_{50}≤6.25 μg/mL），而对磺胺类药物以及甲砜霉素的耐受浓度较高（MIC_{50}≥12.5 μg/mL）；分离的 90%菌株对 8 种药物均耐受（MIC_{90}≥25 μg/mL）（表 9 至表 11）。

表 9 6 种药物对黄颡鱼源菌株的 MIC_{50} 和 MIC_{90}

供试药物	MIC_{50} (μg/mL)	MIC_{90} (μg/mL)	菌株数（株）											
			药物浓度 200 μg/mL	药物浓度 100 μg/mL	药物浓度 50 μg/mL	药物浓度 25 μg/mL	药物浓度 12.5 μg/mL	药物浓度 6.25 μg/mL	药物浓度 3.13 μg/mL	药物浓度 1.56 μg/mL	药物浓度 0.78 μg/mL	药物浓度 0.39 μg/mL	药物浓度 0.20 μg/mL	药物浓度 0.10 μg/mL
恩诺沙星	1.56	25			6	6	5	13	4	4	10	2	8	14
硫酸新霉素	3.13	25	2		2	8	3	17	11	14	8	5	1	1
甲砜霉素	12.5	200	32	1		2	6	3	6	12	7	1	1	1
氟苯尼考	6.25	200	13	10	6	2	4	3	4	8	18	2	1	1
盐酸多西环素	0.78	25	1	2	2	6	4	4	4	8	11	5	5	20
氟甲喹	6.25	50	1	2	7	14	11	7	1	5	3	3	4	14

表 10 磺胺间甲氧嘧啶钠对黄颡鱼源菌株的 MIC_{50} 和 MIC_{90}

供试药物	MIC_{50} (μg/mL)	MIC_{90} (μg/mL)	菌株数（株）									
			药物浓度 512 μg/mL	药物浓度 256 μg/mL	药物浓度 128 μg/mL	药物浓度 64 μg/mL	药物浓度 32 μg/mL	药物浓度 16 μg/mL	药物浓度 8 μg/mL	药物浓度 4 μg/mL	药物浓度 2 μg/mL	药物浓度 1 μg/mL
磺胺间甲氧嘧啶钠	512	512	42		4	9	11	4	2			

表 11 磺胺甲噁唑/甲氧苄啶对黄颡鱼源菌株的 MIC_{50} 和 MIC_{90}

供试药物	MIC_{50} (μg/mL)	MIC_{90} (μg/mL)	菌株数（株）									
			药物浓度 512/102 μg/mL	药物浓度 256/51.2 μg/mL	药物浓度 128/25.6 μg/mL	药物浓度 64/12.8 μg/mL	药物浓度 32/6.4 μg/mL	药物浓度 16/3.2 μg/mL	药物浓度 8/1.6 μg/mL	药物浓度 4/0.8 μg/mL	药物浓度 2/0.4 μg/mL	药物浓度 1/0.2 μg/mL
磺胺甲噁唑/甲氧苄啶	256/51.2	512/102	31	5	5	15	10	2	3	1		

④大黄鱼源菌株

从患病大黄鱼体内分离的半数细菌对恩诺沙星、盐酸多西环素、硫酸新霉素、氟甲喹、氟苯尼考、甲砜霉素的耐受浓度较低（MIC_{50}≤3.13 μg/mL），而对磺胺类药物的耐受浓度较高（MIC_{50}≥32.0 μg/mL）；分离的90%菌株对恩诺沙星、硫酸新霉素、盐酸多西环素、氟甲喹敏感（MIC_{90}≤3.13 μg/mL），而对其余4种药物耐受（MIC_{90}≥100 μg/mL）（表12至表14）。

表12　6种药物对大黄鱼源菌株的 MIC_{50} 和 MIC_{90}

供试药物	MIC_{50}（μg/mL）	MIC_{90}（μg/mL）	菌株数（株）											
			药物浓度200 μg/mL	药物浓度100 μg/mL	药物浓度50 μg/mL	药物浓度25 μg/mL	药物浓度12.5 μg/mL	药物浓度6.25 μg/mL	药物浓度3.13 μg/mL	药物浓度1.56 μg/mL	药物浓度0.78 μg/mL	药物浓度0.39 μg/mL	药物浓度0.20 μg/mL	药物浓度0.10 μg/mL
恩诺沙星	0.2	1.56				1			1	1	1	5	8	10
硫酸新霉素	0.39	1.56							2	6	4	5	3	7
甲砜霉素	3.13	100	2	1	2		2	3	5	6	4	1		1
氟苯尼考	1.56	100		3				3	5	10	4	1	1	
盐酸多西环素	0.1	0.78			1						6	2		18
氟甲喹	0.1	3.13			1				2	3		2	2	17

表13　磺胺间甲氧嘧啶钠对大黄鱼源菌株的 MIC_{50} 和 MIC_{90}

供试药物	MIC_{50}（μg/mL）	MIC_{90}（μg/mL）	菌株数（株）									
			药物浓度512 μg/mL	药物浓度256 μg/mL	药物浓度128 μg/mL	药物浓度64 μg/mL	药物浓度32 μg/mL	药物浓度16 μg/mL	药物浓度8 μg/mL	药物浓度4 μg/mL	药物浓度2 μg/mL	药物浓度1 μg/mL
磺胺间甲氧嘧啶钠	64	512	7		3	4	7	2	1	2		1

表14　磺胺甲噁唑/甲氧苄啶对大黄鱼源菌株的 MIC_{50} 和 MIC_{90}

供试药物	MIC_{50}（μg/mL）	MIC_{90}（μg/mL）	菌株数（株）									
			药物浓度512/102 μg/mL	药物浓度256/51.2 μg/mL	药物浓度128/25.6 μg/mL	药物浓度64/12.8 μg/mL	药物浓度32/6.4 μg/mL	药物浓度16/3.2 μg/mL	药物浓度8/1.6 μg/mL	药物浓度4/0.8 μg/mL	药物浓度2/0.4 μg/mL	药物浓度1/0.2 μg/mL
磺胺甲噁唑/甲氧苄啶	32/6.4	512/102	5	1	2	4	8	4	1			2

（2）不同地区菌株对抗生素的感受性

①淡水养殖地区

按采样地区比较3种主养淡水养殖品种分离的半数菌株对8种药物的感受性（表15），4地菌株对恩诺沙星、甲砜霉素、氟甲喹和磺胺类药物的耐受性一致；对于硫酸新霉素、氟苯尼考和氟甲喹，则表现为杭州、湖州、嘉兴3地菌株耐受氟苯尼考而对硫酸新霉素和氟甲喹敏感，衢州地区菌株则相反。

表 15　8 种药物对淡水养殖地区分离菌株 MIC_{50}

单位：μg/mL

药物名称	杭州	湖州	嘉兴	衢州	MIC_{50}
恩诺沙星	0.39	0.39	0.78	0.2	0.39
硫酸新霉素	1.56	1.56	1.56	25	1.56
甲砜霉素	200	200	200	200	200
氟苯尼考	50	200	25	0.39	50
盐酸多西环素	3.13	3.13	0.78	50	1.56
氟甲喹	1.56	3.13	1.56	6.25	3.13
磺胺间甲氧嘧啶钠	512	512	512	512	512
磺胺甲噁唑/甲氧苄啶	512/102	256/51.2	256/51.2	512/102	512/102

②海水养殖地区

按采样地区比较大黄鱼体内分离的半数菌株对 8 种药物的感受性（表 16），2020 年度宁波、温州地区采集的菌株对试验的抗菌药物耐受性一致，仅对甲砜霉素、磺胺间甲氧嘧啶钠的耐受浓度存在一定差异。

表 16　8 种药物对海水养殖地区分离菌株 MIC_{50}

单位：μg/mL

药物名称	宁波	温州	MIC_{50}
恩诺沙星	0.2	0.1	0.2
硫酸新霉素	1.56	0.2	0.39
甲砜霉素	1.56	6.25	3.13
氟苯尼考	1.56	1.56	1.56
盐酸多西环素	0.1	0.39	0.1
氟甲喹	0.1	0.1	0.1
磺胺间甲氧嘧啶钠	32	128	64
磺胺甲噁唑/甲氧苄啶	32/6.4	32/6.4	32/6.4

(3) 不同种类病原菌对抗生素的感受性

由表 17 可见，硫酸新霉素耐药菌比例为 0，恩诺沙星、氟甲喹均为 10.0%，盐酸多西环素为 30.0%，氟苯尼考为 40.0%，甲砜霉素为 60.0%，磺胺类药物为 100.0%。病原菌耐药比例小于 50%的抗菌药物对 10 种主要致病菌的 MIC_{50} 由低至高具体分别为：

硫酸新霉素：鰤鱼诺卡氏菌＜假单胞菌＜芽孢杆菌＜嗜水/豚鼠气单胞菌＝爱德华氏菌＝弧菌＝美人鱼发光杆菌＝柠檬酸杆菌＜温和气单胞菌＜摩氏摩根菌；

恩诺沙星：芽孢杆菌＜假单胞菌＝弧菌＝美人鱼发光杆菌＝鰤鱼诺卡氏菌＜嗜水/豚鼠气单胞菌＜温和气单胞菌＝柠檬酸杆菌＜爱德华氏菌＜摩氏摩根菌；

氟甲喹：假单胞菌＝弧菌＝美人鱼发光杆菌＜鰤鱼诺卡氏菌＝芽孢杆菌＜温和气单胞菌＝柠檬酸杆菌＝爱德华氏菌＜嗜水/豚鼠气单胞菌＜摩氏摩根菌；

盐酸多西环素：芽孢杆菌＝假单胞菌＝弧菌＝美人鱼发光杆菌＝鰤鱼诺卡氏菌＜温

和气单胞菌＜嗜水/豚鼠气单胞菌＜爱德华氏菌＜柠檬酸杆菌＜摩氏摩根菌；

氟苯尼考：芽孢杆菌＜温和气单胞菌＝假单胞菌＝美人鱼发光杆菌＜弧菌＜鰤鱼诺卡氏菌＜嗜水/豚鼠气单胞菌＝柠檬酸杆菌＝爱德华氏菌＝摩氏摩根菌。

表 17　8 种药物对不同种类病原菌 MIC_{50}

单位：μg/mL

病原菌种类	恩诺沙星	硫酸新霉素	甲砜霉素	氟苯尼考	盐酸多西环素	氟甲喹	磺胺间甲氧嘧啶钠	磺胺甲噁唑/甲氧苄啶
嗜水/豚鼠气单胞菌	0.39	1.56	200	200	6.25	6.25	512	512/102
温和气单胞菌	0.78	3.13	3.13	1.56	0.78	3.13	512	256/51.2
芽孢杆菌	0.1	0.39	25	0.78	0.1	0.2	256	128/25.6
爱德华氏菌	6.25	1.56	200	200	25	3.13	512	512/102
柠檬酸杆菌	0.78	1.56	200	200	100	3.13	512	512/102
摩氏摩根菌	100	6.25	200	200	200	100	512	512/102
假单胞菌	0.2	0.2	25	1.56	0.1	0.1	64	16/3.2
弧菌	0.2	1.56	1.56	3.13	0.1	0.1	64	64/12.8
美人鱼发光杆菌	0.2	1.56	1.56	1.56	0.1	0.1	32	16/3.2
鰤鱼诺卡氏菌	0.2	0.1	6.25	6.25	0.1	0.2	32	32/6.4
耐药菌比例	10.0%	0	60.0%	40.0%	30.0%	10.0%	100.0%	100.0%

3. 耐药性变化情况

90%的细菌对 8 种药物呈现耐受。与 2019 年的监测结果比较显示（图 3、图 4），细菌对于恩诺沙星和氟甲喹的耐受浓度有所下降，而对硫酸新霉素、甲砜霉素、氟苯尼考、盐酸多西环素、磺胺间甲氧嘧啶钠和磺胺甲噁唑/甲氧苄啶等药物的耐受浓度持平。

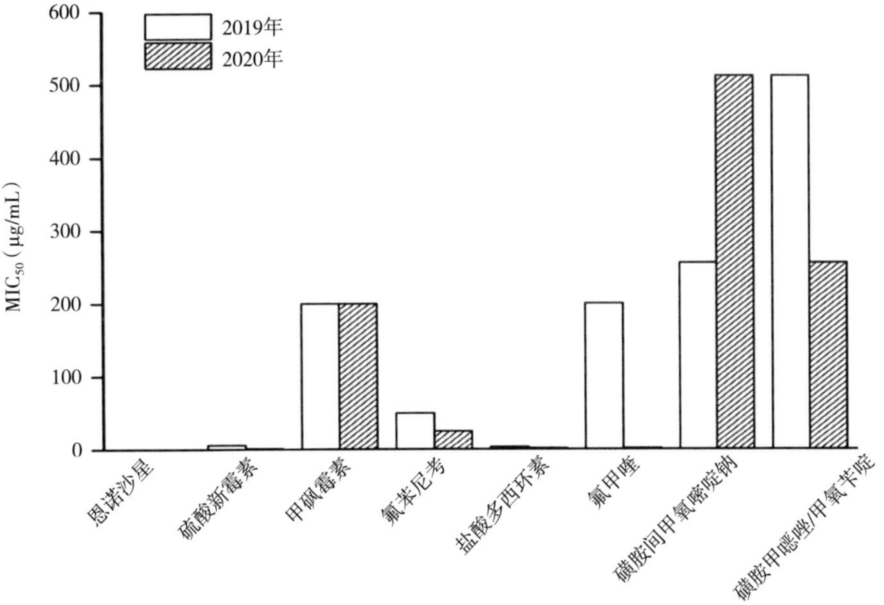

图 3　2019—2020 年浙江省 8 种药物对病原菌的 MIC_{50} 变化情况

半数细菌对恩诺沙星、硫酸新霉素、氟苯尼考、盐酸多西环素、氟甲喹、磺胺甲噁唑/甲氧苄啶等药物的耐受浓度有所降低，尤其对硫酸新霉素和氟甲喹的耐受浓度显著降低；而对甲砜霉素的耐受浓度持平，对磺胺间甲氧嘧啶钠的耐受浓度升高。

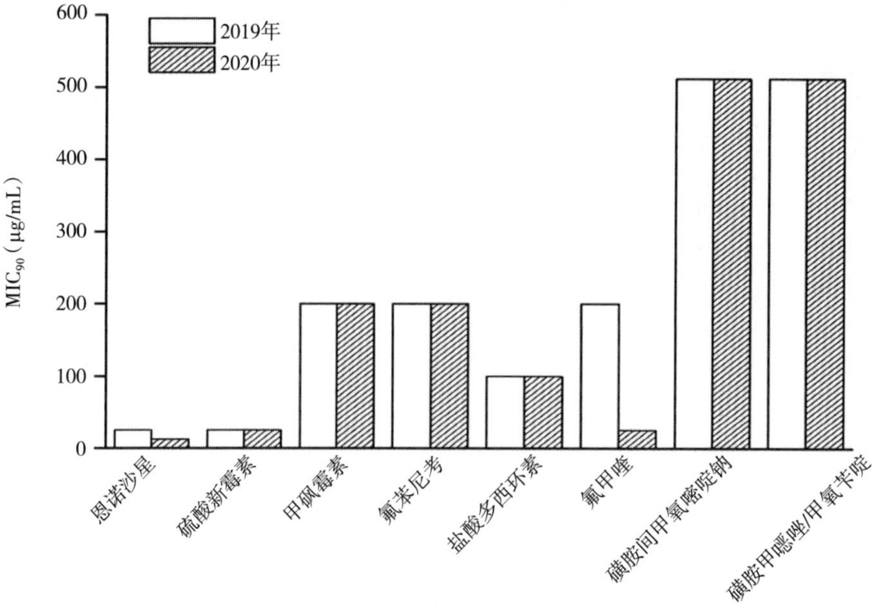

图 4　2019—2020 年浙江省 8 种药物对病原菌的 MIC_{90} 变化情况

三、分析与建议

2020 年度在浙江省中华鳖、加州鲈和黄颡鱼等淡水养殖品种分离的主要病原菌是气单胞菌，而从大黄鱼等海水养殖品种分离的主要病原菌是哈维氏弧菌和假单胞菌。

从淡水养殖品种和海水养殖品种中所分离的菌株耐药性呈现一定相似规律，即对恩诺沙星、硫酸新霉素、盐酸多西环素、氟甲喹等药物的耐受浓度均较低（$MIC_{50} \leqslant 8$ μg/mL），而对磺胺类药物的耐受浓度均较高（$MIC_{50} > 8$ μg/mL）。但对于甲砜霉素、氟苯尼考两种药物，不同动物来源病原菌呈现出不同的耐受性，即大黄鱼源病原菌对两种药物均敏感，中华鳖源病原菌对两种药物均耐受，加州鲈源和黄颡鱼源病原菌对甲砜霉素耐受而对氟苯尼考敏感。

所分离的 90%的菌株耐药性呈现相似规律，主要表现为对甲砜霉素、氟苯尼考、磺胺类等药物均耐受（$MIC_{90} > 8$ μg/mL）。而对于恩诺沙星、硫酸新霉素、盐酸多西环素、氟甲喹等药物，不同动物来源呈现出不同耐受性，即大黄鱼源病原菌对 4 种药物均敏感，中华鳖源和黄颡鱼源病原菌对 4 种药物均耐受，加州鲈源病原菌对恩诺沙星敏感而对其余 3 种药物耐受。

根据监测结果，2020 年浙江省水生主要病原菌对恩诺沙星、硫酸新霉素、盐酸多西环素、氟甲喹的耐受浓度较低，且存在一定的降低趋势，在实际生产中可优先考虑将这 4 种药用于抗菌治疗；为了进一步减缓病原菌对以上 4 类抗生素抗性的增加，建议实际用药时根据药敏试验结果交替使用。

2020年福建省水产养殖动物病原菌耐药性状况分析

元丽花　王巧煌　林　楠　游　宇
（福建省水产技术推广总站）

为了解和掌握鳗鲡、大黄鱼及对虾主要病原微生物的药物敏感性及其耐药性变化规律，指导水产养殖业者科学规范用药，推动用药减量增效，促进提升水产品质量安全水平，保障水产品生产和消费安全，福建省从大黄鱼、对虾和鳗鲡养殖品种体内分离获得假单胞菌、弧菌、气单胞菌等病原菌，测定了它们对8种水产用抗菌药物的敏感性，具体结果如下。

一、材料与方法

1. 样品采集

2020年4—10月，从宁德蕉城大黄鱼主养区（宁德蕉城三都湾养殖点）采集大黄鱼样品，从南平邵武养殖点及建瓯小松镇养殖点采集美洲鳗鲡样品，从福州福清、平潭以及泉州晋江养殖点采集对虾样品。

2. 病原菌分离纯化

在无菌条件下分别从大黄鱼及鳗鲡肝脏、脾脏、肾脏用接种环蘸取组织划线接种于大豆酪蛋白琼脂（TSA）培养基分离细菌，从对虾肝胰腺蘸取组织划线接种于TCBS培养基分离细菌，于28℃培养18～24 h，筛选优势菌株进一步纯化。

3. 病原菌鉴定及保存

分离纯化后的细菌，挑取单个菌落接种于TSB，于28℃恒温摇床培养18～24 h后，依据16S rRNA基因进行鉴定，并将菌液与40%甘油等量混合保存于−80℃冰箱。

二、药敏测试结果

1. 病原菌分离鉴定总体情况

(1) 大黄鱼供试菌株

从宁德蕉城三都湾养殖点共分离大黄鱼病原菌或疑似病原菌29株，开展药敏试验29株。29株菌株包括假单胞菌属、弧菌属、美人鱼发光杆菌、不动杆菌属等。分离菌株组成情况见表1。

表1　大黄鱼分离菌株信息

种（属）	菌株数（株）	占比（%）
假单胞菌属	6	20.69

（续）

种（属）	菌株数（株）	占比（%）
弧菌属	10	34.48
美人鱼发光杆菌	11	37.93
不动杆菌属	1	3.45
海藻施万氏菌	1	3.45

（2）鳗鲡供试菌株

从南平邵武养殖点及建瓯小松镇养殖点饲养的美洲鳗鲡体内分离获得病原菌或疑似病原菌共9株，开展药敏试验8株。9株菌株中有5株为乳酸菌、肠杆菌等明显非病原菌，分离菌株组成情况见表2。

表2　鳗鲡源分离菌株信息

种（属）	菌株数（株）	占比（%）
维氏气单胞菌	1	11.11
脑膜脓毒性黄杆菌	1	11.11
乳酸菌	3	33.33
弗氏柠檬酸杆菌	2	22.22
肠杆菌	2	22.22

（3）对虾供试菌株

从福州福清、平潭及泉州晋江养殖点的对虾体内分离获得9株病原菌或疑似病原菌，均为弧菌，并开展药敏试验。

2. 分离菌株的耐药性分析

（1）大黄鱼源分离菌株对抗菌药物的耐药性

2020年度分离获得的大黄鱼病原菌或疑似病原菌主要有假单胞菌属、弧菌属、美人鱼发光杆菌等。

①大黄鱼源假单胞菌对抗菌药物的感受性

6株假单胞菌对8种抗菌药物的耐药性测定结果如表3至表5所示。其中，假单胞菌对恩诺沙星、硫酸新霉素、盐酸多西环素及氟甲喹均相对比较敏感，MIC_{50}均低于2 μg/mL；对甲砜霉素、氟苯尼考、磺胺间甲氧嘧啶钠及磺胺甲噁唑/甲氧苄啶则表现为耐药。

表3　大黄鱼源假单胞菌对6种水产用抗菌药物的感受性分布（n=6）

供试药物	MIC_{50}（μg/mL）	MIC_{90}（μg/mL）	菌株数（株）											
			药物浓度200 μg/mL	药物浓度100 μg/mL	药物浓度50 μg/mL	药物浓度25 μg/mL	药物浓度12.5 μg/mL	药物浓度6.25 μg/mL	药物浓度3.13 μg/mL	药物浓度1.56 μg/mL	药物浓度0.78 μg/mL	药物浓度0.39 μg/mL	药物浓度0.20 μg/mL	药物浓度0.10 μg/mL
恩诺沙星	0.63	1.11								1	5			

（续）

供试药物	MIC50 (μg/mL)	MIC90 (μg/mL)	菌株数（株）											
			药物浓度 200 μg/mL	药物浓度 100 μg/mL	药物浓度 50 μg/mL	药物浓度 25 μg/mL	药物浓度 12.5 μg/mL	药物浓度 6.25 μg/mL	药物浓度 3.13 μg/mL	药物浓度 1.56 μg/mL	药物浓度 0.78 μg/mL	药物浓度 0.39 μg/mL	药物浓度 0.20 μg/mL	药物浓度 0.10 μg/mL
硫酸新霉素	0.615	1.08								2	3	1		
甲砜霉素	138.01	314.01	6											
氟苯尼考	138.01	314.01	6											
盐酸多西环素	1.12	1.92								6				
氟甲喹	1.39	2.41							2	4				

表 4　大黄鱼源假单胞菌对磺胺间甲氧嘧啶钠的感受性分布（n=6）

供试药物	MIC50 (μg/mL)	MIC90 (μg/mL)	菌株数（株）									
			药物浓度 512 μg/mL	药物浓度 256 μg/mL	药物浓度 128 μg/mL	药物浓度 64 μg/mL	药物浓度 32 μg/mL	药物浓度 16 μg/mL	药物浓度 8 μg/mL	药物浓度 4 μg/mL	药物浓度 2 μg/mL	药物浓度 1 μg/mL
磺胺间甲氧嘧啶钠	362.97	953.59	6									

表 5　大黄鱼源假单胞菌对磺胺甲噁唑/甲氧苄啶的感受性分布（n=6）

供试药物	MIC50 (μg/mL)	MIC90 (μg/mL)	菌株数（株）									
			药物浓度 512/102 μg/mL	药物浓度 256/51.2 μg/mL	药物浓度 128/25.6 μg/mL	药物浓度 64/12.8 μg/mL	药物浓度 32/6.4 μg/mL	药物浓度 16/3.2 μg/mL	药物浓度 8/1.6 μg/mL	药物浓度 4/0.8 μg/mL	药物浓度 2/0.4 μg/mL	药物浓度 1/0.2 μg/mL
磺胺甲噁唑/甲氧苄啶	362.97/69.61	953.59/144.51	6									

②大黄鱼源弧菌对抗菌药物的感受性

从大黄鱼体内分离获得 10 株弧菌，主要为哈维氏弧菌和副溶血弧菌。10 株弧菌对 8 种抗菌药物的感受性测定结果如表 6 至表 8 所示，各菌株对磺胺类抗菌药物表现为耐药，对其他 6 种抗菌药物均较敏感。

表 6　大黄鱼源弧菌对 6 种水产用抗菌药物的感受性分布（n=10）

供试药物	MIC50 (μg/mL)	MIC90 (μg/mL)	菌株数（株）											
			药物浓度 200 μg/mL	药物浓度 100 μg/mL	药物浓度 50 μg/mL	药物浓度 25 μg/mL	药物浓度 12.5 μg/mL	药物浓度 6.25 μg/mL	药物浓度 3.13 μg/mL	药物浓度 1.56 μg/mL	药物浓度 0.78 μg/mL	药物浓度 0.39 μg/mL	药物浓度 0.20 μg/mL	药物浓度 0.10 μg/mL
恩诺沙星	0.12	0.26										1	6	3
硫酸新霉素	0.42	0.80								1	5	3	1	

（续）

供试药物	MIC50 (μg/mL)	MIC90 (μg/mL)	菌株数（株） 药物浓度 200 μg/mL	药物浓度 100 μg/mL	药物浓度 50 μg/mL	药物浓度 25 μg/mL	药物浓度 12.5 μg/mL	药物浓度 6.25 μg/mL	药物浓度 3.13 μg/mL	药物浓度 1.56 μg/mL	药物浓度 0.78 μg/mL	药物浓度 0.39 μg/mL	药物浓度 0.20 μg/mL	药物浓度 0.10 μg/mL
甲砜霉素	2.55	9.10			1				6	3				
氟苯尼考	2.38	8.81			1				5	4				
盐酸多西环素	0.03	0.12										1		9
氟甲喹	0.01	0.21								1				9

表 7　大黄鱼源弧菌对磺胺间甲氧嘧啶钠的感受性分布（$n=10$）

供试药物	MIC50 (μg/mL)	MIC90 (μg/mL)	菌株数（株） 药物浓度 512 μg/mL	药物浓度 256 μg/mL	药物浓度 128 μg/mL	药物浓度 64 μg/mL	药物浓度 32 μg/mL	药物浓度 16 μg/mL	药物浓度 8 μg/mL	药物浓度 4 μg/mL	药物浓度 2 μg/mL	药物浓度 1 μg/mL
磺胺间甲氧嘧啶钠	54.48	295.67	3			2	3	2				

表 8　大黄鱼源弧菌对磺胺甲噁唑/甲氧苄啶的感受性分布（$n=10$）

供试药物	MIC50 (μg/mL)	MIC90 (μg/mL)	菌株数（株） 药物浓度 512/102 μg/mL	药物浓度 256/51.2 μg/mL	药物浓度 128/25.6 μg/mL	药物浓度 64/12.8 μg/mL	药物浓度 32/6.4 μg/mL	药物浓度 16/3.2 μg/mL	药物浓度 8/1.6 μg/mL	药物浓度 4/0.8 μg/mL	药物浓度 2/0.4 μg/mL	药物浓度 1/0.2 μg/mL
磺胺甲噁唑/甲氧苄啶	54.06/10.81	206.28/41.24	2			5	2	1				

③大黄鱼源美人鱼发光杆菌对抗菌药物的感受性

分离获得 11 株美人鱼发光杆菌，它们对各种抗菌药物的感受性测定结果如表 9 至表 11 所示。各菌株对磺胺类抗菌药物表现为耐药，对其他抗菌药物均较敏感。

表 9　大黄鱼源美人鱼发光杆菌对 6 种水产用抗菌药物的感受性分布（$n=11$）

供试药物	MIC50 (μg/mL)	MIC90 (μg/mL)	菌株数（株） 药物浓度 200 μg/mL	药物浓度 100 μg/mL	药物浓度 50 μg/mL	药物浓度 25 μg/mL	药物浓度 12.5 μg/mL	药物浓度 6.25 μg/mL	药物浓度 3.13 μg/mL	药物浓度 1.56 μg/mL	药物浓度 0.78 μg/mL	药物浓度 0.39 μg/mL	药物浓度 0.20 μg/mL	药物浓度 0.10 μg/mL
恩诺沙星	0.05	7.27				1	1	1					1	7
硫酸新霉素	1.15	5.97					2		1	5	2			1
甲砜霉素	0.88	5.81	1						2	3	3			2

（续）

供试药物	MIC50 (μg/mL)	MIC90 (μg/mL)	菌株数（株）											
			药物浓度 200 μg/mL	药物浓度 100 μg/mL	药物浓度 50 μg/mL	药物浓度 25 μg/mL	药物浓度 12.5 μg/mL	药物浓度 6.25 μg/mL	药物浓度 3.13 μg/mL	药物浓度 1.56 μg/mL	药物浓度 0.78 μg/mL	药物浓度 0.39 μg/mL	药物浓度 0.20 μg/mL	药物浓度 0.10 μg/mL
氟苯尼考	0.76	4.41					1		1	6	1			2
盐酸多西环素	0.02	3.88			1					2				8
氟甲喹	0.52	0.92							1	1	1			8

表10　大黄鱼源美人鱼发光杆菌对磺胺间甲氧嘧啶钠的感受性分布（$n=11$）

供试药物	MIC50 (μg/mL)	MIC90 (μg/mL)	菌株数（株）									
			药物浓度 512 μg/mL	药物浓度 256 μg/mL	药物浓度 128 μg/mL	药物浓度 64 μg/mL	药物浓度 32 μg/mL	药物浓度 16 μg/mL	药物浓度 8 μg/mL	药物浓度 4 μg/mL	药物浓度 2 μg/mL	药物浓度 1 μg/mL
磺胺间甲氧嘧啶钠	29.22	324.80	2	1		1	5				2	

表11　大黄鱼源美人鱼发光杆菌对磺胺甲噁唑/甲氧苄啶的感受性分布（$n=11$）

供试药物	MIC50 (μg/mL)	MIC90 (μg/mL)	菌株数（株）									
			药物浓度 512/102 μg/mL	药物浓度 256/51.2 μg/mL	药物浓度 128/25.6 μg/mL	药物浓度 64/12.8 μg/mL	药物浓度 32/6.4 μg/mL	药物浓度 16/3.2 μg/mL	药物浓度 8/1.6 μg/mL	药物浓度 4/0.8 μg/mL	药物浓度 2/0.4 μg/mL	药物浓度 1/0.2 μg/mL
磺胺甲噁唑/甲氧苄啶	20.15/4.03	266.04/53.18	1	1		3	3	1				2

④大黄鱼源其他分离菌株对抗菌药物的感受性

从大黄鱼体内分离获得不动杆菌1株、海藻施万氏菌1株，2株菌株对各种抗菌药物的感受性测定结果如表12至表14所示。不动杆菌对甲砜霉素、氟苯尼考及盐酸多西环素表现为耐药，对其他抗菌药物均较敏感。

表12　大黄鱼源其他分离菌株对6种水产用抗菌药物的感受性分布（$n=2$）

供试药物	MIC50 (μg/mL)	MIC90 (μg/mL)	菌株数（株）											
			药物浓度 200 μg/mL	药物浓度 100 μg/mL	药物浓度 50 μg/mL	药物浓度 25 μg/mL	药物浓度 12.5 μg/mL	药物浓度 6.25 μg/mL	药物浓度 3.13 μg/mL	药物浓度 1.56 μg/mL	药物浓度 0.78 μg/mL	药物浓度 0.39 μg/mL	药物浓度 0.20 μg/mL	药物浓度 0.10 μg/mL
恩诺沙星														2
硫酸新霉素	0.30	0.56										2		
甲砜霉素	20.60	359.69	1						1					
氟苯尼考	11.23	943.04	1								1			

（续）

供试药物	MIC50 (μg/mL)	MIC90 (μg/mL)	菌株数（株）											
			药物浓度 200 μg/mL	药物浓度 100 μg/mL	药物浓度 50 μg/mL	药物浓度 25 μg/mL	药物浓度 12.5 μg/mL	药物浓度 6.25 μg/mL	药物浓度 3.13 μg/mL	药物浓度 1.56 μg/mL	药物浓度 0.78 μg/mL	药物浓度 0.39 μg/mL	药物浓度 0.20 μg/mL	药物浓度 0.10 μg/mL
盐酸多西环素	0.47	24.11					1							1
氟甲喹														2

表 13 大黄鱼源其他分离菌株对磺胺间甲氧嘧啶钠的感受性分布（$n=2$）

供试药物	MIC50 (μg/mL)	MIC90 (μg/mL)	菌株数（株）									
			药物浓度 512 μg/mL	药物浓度 256 μg/mL	药物浓度 128 μg/mL	药物浓度 64 μg/mL	药物浓度 32 μg/mL	药物浓度 16 μg/mL	药物浓度 8 μg/mL	药物浓度 4 μg/mL	药物浓度 2 μg/mL	药物浓度 1 μg/mL
磺胺间甲氧嘧啶钠	4.00	6.07							1	1		

表 14 大黄鱼源其他分离菌株对磺胺甲噁唑/甲氧苄啶的感受性分布（$n=2$）

供试药物	MIC50 (μg/mL)	MIC90 (μg/mL)	菌株数（株）									
			药物浓度 512/102 μg/mL	药物浓度 256/51.2 μg/mL	药物浓度 128/25.6 μg/mL	药物浓度 64/12.8 μg/mL	药物浓度 32/6.4 μg/mL	药物浓度 16/3.2 μg/mL	药物浓度 8/1.6 μg/mL	药物浓度 4/0.8 μg/mL	药物浓度 2/0.4 μg/mL	药物浓度 1/0.2 μg/mL
磺胺甲噁唑/甲氧苄啶	11.31/2.26	25.07/5.02					1		1			

（2）鳗鲡源分离菌株对抗菌药物的感受性

①鳗鲡源维氏气单胞菌对抗菌药物的感受性

从鳗鲡体内分离获得 1 株维氏气单胞菌，维氏气单胞菌对硫酸新霉素相对较为敏感，MIC 为 1.56 μg/mL；对恩诺沙星相对不敏感，对其他药物表现为耐药。

②鳗鲡源弗氏柠檬酸杆菌对抗菌药物的感受性

2 株弗氏柠檬酸杆菌对硫酸新霉素相对较敏感，MIC 小于 1 μg/mL；对其他抗菌药物均表现为耐药。

③鳗鲡源肠杆菌对抗菌药物的感受性

从鳗鲡体内分离获得了 1 株肠杆菌，其对恩诺沙星、硫酸新霉素及氟甲喹相对较敏感，对其他抗菌药物均表现为耐药，MIC 均大于 200 μg/mL。

（3）对虾源分离菌株对抗菌药物的感受性

从对虾体内分离获得 9 株弧菌，9 株弧菌对各种抗菌药物的感受性测定结果如表 15 至 17 所示。弧菌对恩诺沙星、硫酸新霉素、盐酸多西环素、氟甲喹及磺胺间甲氧嘧啶钠相对较敏感，对磺胺甲噁唑/甲氧苄啶则表现为耐药。不同地区分离获得的弧菌对 8 种抗菌药物的感受性差异不大。

表 15　对虾源弧菌对 6 种水产用抗菌药物的感受性分布（n=9）

供试药物	MIC_{50}（μg/mL）	MIC_{90}（μg/mL）	菌株数（株）											
			药物浓度 200 μg/mL	药物浓度 100 μg/mL	药物浓度 50 μg/mL	药物浓度 25 μg/mL	药物浓度 12.5 μg/mL	药物浓度 6.25 μg/mL	药物浓度 3.13 μg/mL	药物浓度 1.56 μg/mL	药物浓度 0.78 μg/mL	药物浓度 0.39 μg/mL	药物浓度 0.20 μg/mL	药物浓度 0.10 μg/mL
恩诺沙星	0.11	0.24											6	3
硫酸新霉素	0.39	1.00								1	5	2		1
甲砜霉素	2.20	3.89						1	7	1				
氟苯尼考	2.04	3.58							8	1				
盐酸多西环素	1.26	13.34					3		2	2				2
氟甲喹														9

表 16　对虾源弧菌对磺胺间甲氧嘧啶钠的感受性分布（n=9）

供试药物	MIC_{50}（μg/mL）	MIC_{90}（μg/mL）	菌株数（株）									
			药物浓度 512 μg/mL	药物浓度 256 μg/mL	药物浓度 128 μg/mL	药物浓度 64 μg/mL	药物浓度 32 μg/mL	药物浓度 16 μg/mL	药物浓度 8 μg/mL	药物浓度 4 μg/mL	药物浓度 2 μg/mL	药物浓度 1 μg/mL
磺胺间甲氧嘧啶钠	76.27	502.08	4				4	1				

表 17　对虾源弧菌对磺胺甲噁唑/甲氧苄啶的感受性分布（n=9）

供试药物	MIC_{50}（μg/mL）	MIC_{90}（μg/mL）	菌株数（株）									
			药物浓度 512/102 μg/mL	药物浓度 256/51.2 μg/mL	药物浓度 128/25.6 μg/mL	药物浓度 64/12.8 μg/mL	药物浓度 32/6.4 μg/mL	药物浓度 16/3.2 μg/mL	药物浓度 8/1.6 μg/mL	药物浓度 4/0.8 μg/mL	药物浓度 2/0.4 μg/mL	药物浓度 1/0.2 μg/mL
磺胺甲噁唑/甲氧苄啶	99.92/19.98	368.41/73.62	3	1		4	2					

3. 耐药性变化情况

2019 年大黄鱼源各类分离菌株对磺胺类药物的耐药性表现为敏感，而 2020 年则表现为耐药；2019 年鳗鲡源气单胞菌对恩诺沙星表现为耐药，而 2020 年表现则为敏感；2019 年弧菌对磺胺间甲氧嘧啶钠表现为耐药，2020 年则表现为敏感。在生产中，可依据体外药敏试验结果，在执业兽医师的指导下正确使用水产用抗菌药物，避免致病菌耐药性的产生及药物残留超标。

三、分析与建议

1. 试验结果分析

假单胞菌是大黄鱼内脏白点病的主要致病菌，内脏白点病流行于秋末至第二年的春末，流行水温为 12～20℃，本次假单胞菌主要在 5 月下旬分离获得，符合其流行规律。6—10 月分离获得的菌株主要为美人鱼发光杆菌及弧菌，美人鱼发光杆菌及弧菌对大黄鱼的致病性有待进一步研究。

2020 年鳗鲡采样点未发生疫病，分离获得的病原菌或疑似病原菌较少，这可能与养殖户疫病防控意识提高有一定关系。

从福清与晋江分离获得的对虾弧菌对磺胺间甲氧嘧啶较敏感，而从平潭分离获得的对虾弧菌对磺胺间甲氧嘧啶则表现为耐药，这可能与不同养殖地区用药差异有一定关系。

2. 扩大各个品种耐药性普查范围

2020 年耐药性普查采样点设置较局限，大黄鱼采样点集中在一片海域，不同采样点各类分离菌株对 8 种抗菌药物的感受性较一致。扩大耐药性普查范围及区域，可以更加全面地反映水生动物致病微生物耐药性变化规律，更好地指导养殖户安全、精准、规范用药，促进海洋与渔业绿色高质量发展。

2020年山东省水产养殖动物病原菌耐药性状况分析

潘秀莲[1]　杨凤香[2]　徐玉龙[3]　王文慧[4]

（1. 山东省渔业发展和资源养护总站　2. 济宁市水产技术推广站
3. 聊城市茌平区水产渔业技术推广服务中心　4. 鱼台县渔业发展服务中心）

为了解和掌握水产养殖主要病原菌耐药性情况及变化规律，指导养殖户科学使用水产用抗菌药物，提高细菌性病害防控成效，推动渔业绿色高质量发展，2020年山东省重点从乌鳢、小龙虾和加州鲈养殖品种中分离得到溶藻弧菌、哈维氏弧菌、副溶血弧菌、山羊葡萄球菌、短状杆菌属等病原菌，并测定了其对8种水产用抗菌药物的敏感性，具体结果如下。

一、材料与方法

1. 样品采集

确定鱼台县渔业发展服务中心为乌鳢和小龙虾病原菌耐药性普查试点具体实施单位；确定聊城市茌平区水产渔业技术推广服务中心为加州鲈病原菌耐药性普查试点具体实施单位。

（1）乌鳢

乌鳢试验样品采集点为山东湖话农产品有限公司和济宁市双瑞家庭农场。供试菌株为从采集的病鱼自行分离的病原菌。2020年6—8月每月采集试验样品4尾，累计采样3次，共计12尾。

（2）小龙虾

试验样品采集点为鱼台县渔湖湾渔业发展有限公司、济宁裕米丰生态农业有限公司、鱼台绿源生态农业有限公司。供试菌株为从采集的患病小龙虾自行分离的病原菌。2020年4—10月每月采集试验样品4只，累计采样7次，共计28只。

（3）加州鲈

试验样品采集点为山东泰丰鸿基农业科技开发有限公司和茌平润生养殖专业合作社。供试菌株为从采集的病鱼自行分离的病原菌。2020年6—10月，采集具有典型病症的鱼，无病症时采集正常样品例行检验，每个采样点采集样本2尾，累计采样5次，共计20尾。

2. 病原菌分离筛选及保存

（1）乌鳢

每次采集定点养殖场中发病濒死或有典型病症的乌鳢活体，充氧带回实验室，当天完成解剖。选取病灶组织、肌肉、肝、脑、脾等组织或器官接种于选择性培养基中，分离病原菌。其中弧菌接种于TCBS培养基分离培养，其他菌接种于普通培养基分离培养，培养条件为（28±1）℃，24～48 h后观察菌落特征，挑取单菌落接种于普通培养基和TCBS培养基纯化。纯化后的菌落，一份用于药敏试验，一份用于上海海洋大学测序鉴定，同时甘油保种于－20℃备用。

（2）小龙虾

采集定点养殖场中发病濒死或有典型病症的小龙虾活体，充氧带回实验室，当天完成解剖。选取病灶组织、肌肉、肝胰腺、肠、鳃等组织或器官接种于选择性培养基中，分离病原菌。其中弧菌接种于TCBS培养基分离培养，其他菌接种于普通培养基分离培养，培养条件为（28±1）℃，24～48 h后观察菌落特征，挑取单菌落接种于普通培养基和TCBS培养基纯化，纯化后的菌落，一份用于药敏试验，一份用于上海海洋大学测序鉴定，同时甘油保种－20℃冻存备用。

（3）加州鲈

采集具有典型病症的鱼，无病症时采集正常样品进行例行检验，其中加州鲈每个采样点采集样本2尾，选取腹水、心、肝、肾、脾等组织，划线接种于TSA培养基平板上，28～35 ℃倒置培养16～24 h，观察菌落生长情况，挑取优势单菌落重划线进行纯培养，或直接挑取生长良好的优势单菌落临时编号，一份用于药敏试验，一份用于上海海洋大学测序鉴定。

3. 供试菌株最小抑菌浓度的测定

采用全国水产技术推广总站统一制定的药敏试验板，内含恩诺沙星、硫酸新霉素、甲砜霉素、氟苯尼考、盐酸多西环素、氟甲喹、磺胺间甲氧嘧啶、磺胺甲噁唑/甲氧苄啶，共计8种水产用抗菌药物，对分离出的病原菌进行MIC测定。

4. 数据统计方法

（1）乌鳢和小龙虾

根据美国临床实验室标准研究所（CLSI）发布的药物敏感性及耐药性标准对菌株耐药性进行判别。恩诺沙星：S敏感，MIC≤0.5 μg/mL；R耐药，MIC≥4 μg/mL。盐酸多西环素、盐酸土霉素：S敏感，MIC≤4 μg/mL；I中敏，MIC＝8 μg/mL；R耐药，MIC≥16 μg/mL。氟苯尼考、甲砜霉素、硫酸新霉素：S敏感，MIC≤2 μg/mL；I中敏，MIC＝4 μg/mL；R耐药，MIC≥8 μg/mL。磺胺甲噁唑/甲氧苄啶：S敏感，MIC≤38/2 μg/mL；R耐药，MIC≥76/2 μg/mL。恩诺沙星磺胺间甲氧嘧啶钠：S敏感，MIC≤256 μg/mL；R耐药，MIC≥512 μg/mL。应用SPSS软件统计各供试菌株试验结果。

（2）加州鲈

供试菌株测试结果敏感标记“S”，不敏感标记为“R”，抗菌药物对病原菌MIC_{90}取3个平行测试的最大值，保证应用于生产指导的有效性，同时将MIC_{90}最小的药物确定为抑制该菌株的优选药物。

二、药敏测试结果

1. 养殖场病害、药物使用和损失情况

（1）乌鳢

6—8月，采样单位未发生超过养殖面积2%的大范围病害，腹水病和肠炎病偶有发生，发病率在1%～2%。养殖单位发现患病个体立即捞出隔离、无害化处理。全年未发生因病致损的情况。

（2）小龙虾

4—10月，采样单位未发生超过养殖面积2%的大范围病害，多为小龙虾四肢无力，活动力低下，体色发暗，部分胸甲处有黄白色斑点；解剖后，虾的胃肠道是空的。发病率在1%～2%。养殖单位发现患病个体立即捞出隔离、进行无害化处理，定期施用微生态制剂作为预防性用药。全年未发生因病致损的情况。

（3）加州鲈鱼

6—10月间，采样单位未发生超过养殖面积2%以上的大范围病害，多为加州鲈体表点状出血、肠炎等；解剖后，有花肝、肠道空现象。发病率低于1%。养殖单位发现患病个体立即捞出隔离，使用硫酸新霉素搭配恩诺沙星泼洒后治愈，对死亡个体进行无害化处理。全年未发生因病致损的情况。

2. 病原菌分离鉴定总体情况

（1）乌鳢

3次采样累计采集12尾乌鳢病鱼用于病原菌分离，共分离纯化获得病原菌13株，通过实验室鉴定，确定3株弧菌，其中2株为溶藻弧菌、1株为哈维氏弧菌；其他10株。

（2）小龙虾

7次采样累计采集28只活力不足的小龙虾用于病原菌分离，共分离纯化获得病原菌21株。通过实验室鉴定，确定14株弧菌，其中7株为溶藻弧菌、2株为哈维氏弧菌、5株为副溶血弧菌；其他7株未进行鉴定。

（3）加州鲈

5次采样累计采集20尾加州鲈用于病原菌分离，共分离纯化获得病原菌10株，其中5株发送到上海海洋大学生物实验室鉴定，“2020061701-白”菌落鉴定为山羊葡萄球菌，“2020091402-白”鉴定为短状杆菌属，其余菌种由于养殖场实验室操作人员操作不当受到污染而无法鉴定。

3. 病原菌耐药性分析

（1）乌鳢

将分离纯化的13株菌分别用8种水产用抗菌药物进行耐药性测试，测试结果显示分离纯化的菌株对磺胺类药物普遍耐药。本次分离的菌株耐药程度较轻，在所有测试药物中58.65%的菌株表现为敏感，11.54%的菌株表现为中敏，29.81%的菌株表现为耐药。所有菌株对磺胺类药物（磺胺间甲氧嘧啶钠、磺胺甲噁唑/甲氧苄啶）表现出较高耐药性（图1、图2）。

弧菌耐药率为33.33%的药物有：甲砜霉素、氟苯尼考、盐酸多西环素、磺胺间甲氧嘧啶钠；弧菌对磺胺甲噁唑/甲氧苄啶的耐药率为100%。普通培养基培养的菌株耐药率在40%～60%的药物有甲砜霉素、氟苯尼考、盐酸多西环素、磺胺间甲氧嘧啶钠、磺胺甲噁唑/甲氧苄啶；对氟甲喹药物的耐药率为20%；对恩诺沙星和硫酸新霉素的耐药率均为0（表1至表6）。

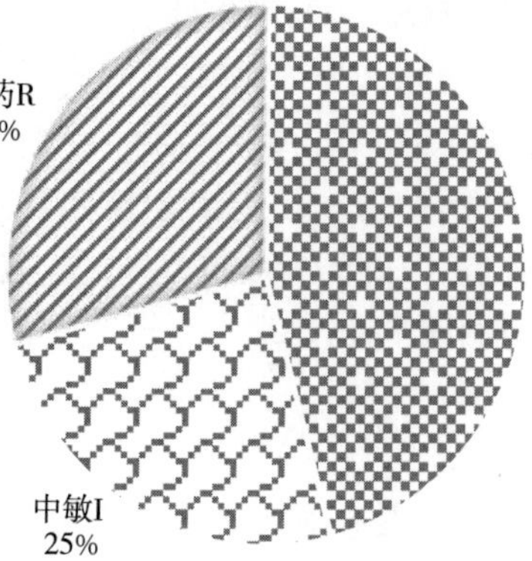

图 1　弧菌的耐药谱型

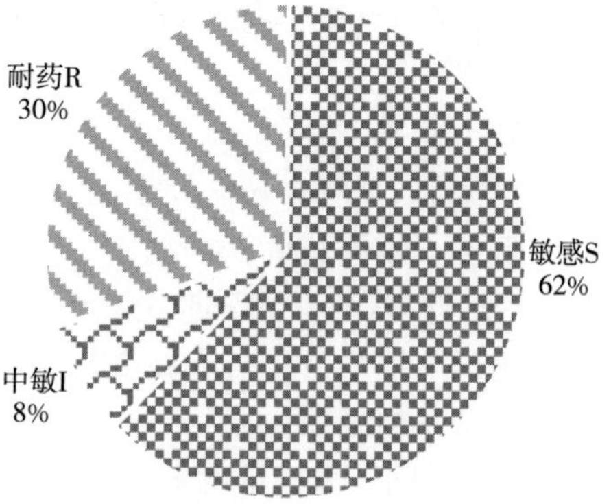

图 2　普通培养基病原菌的耐药谱型

表 1　普通培养基病原菌对 6 种水产抗菌药物的感受性分布表（$n=10$）

供试药物	耐药率（%）	菌株数（株）												
		药物浓度 200 μg/mL	药物浓度 100 μg/mL	药物浓度 50 μg/mL	药物浓度 25 μg/mL	药物浓度 12.5 μg/mL	药物浓度 6.25 μg/mL	药物浓度 3.13 μg/mL	药物浓度 1.56 μg/mL	药物浓度 0.78 μg/mL	药物浓度 0.39 μg/mL	药物浓度 0.2 μg/mL	MIC_{50}（μg/mL）	MIC_{90}（μg/mL）
恩诺沙星	0								1	1	2	6	0.22	0.92
硫酸新霉素	0							2	2	2	1	3	1.19	2.15
甲砜霉素	40.00	3				1		1	4	1		1	56.62	101.92
氟苯尼考	40.00		2	1		1		1	3	1		1	27.13	48.83
盐酸多西环素	40.00	1					2		2		2	4	1.72	3.27
氟甲喹	20.00	2		1	1	3	1					2	51.92	93.45

表 2　普通培养基病原菌对磺胺间甲氧嘧啶钠的感受性分布表（$n=10$）

供试药物	耐药率（%）	菌株数（株）												
		药物浓度 512 μg/mL	药物浓度 256 μg/mL	药物浓度 128 μg/mL	药物浓度 64 μg/mL	药物浓度 32 μg/mL	药物浓度 16 μg/mL	药物浓度 8 μg/mL	药物浓度 4 μg/mL	药物浓度 2 μg/mL	药物浓度 1 μg/mL	药物浓度 0.2 μg/mL	MIC_{50}（μg/mL）	MIC_{90}（μg/mL）
磺胺间甲氧嘧啶钠	40.00	4			3						3		224.3	403.74

表 3　普通培养基病原菌对磺胺甲噁唑/甲氧苄啶的感受性分布表（$n=10$）

供试药物	耐药率（%）	菌株数（株）												
		药物浓度 512/102.4 μg/mL	药物浓度 256/51.2 μg/mL	药物浓度 128/25.6 μg/mL	药物浓度 64/12.8 μg/mL	药物浓度 32/6.4 μg/mL	药物浓度 16/3.2 μg/mL	药物浓度 8/1.6 μg/mL	药物浓度 4/0.8 μg/mL	药物浓度 2/0.4 μg/mL	药物浓度 1/0.2 μg/mL	药物浓度 0.2 μg/mL	MIC_{50}（μg/mL）	MIC_{90}（μg/mL）
磺胺甲噁唑/甲氧苄啶	60.00	3		2				1		2	2		180.6/41.24	325.08/74.23

表 4 弧菌对 6 种水产抗菌药物的感受性分布表（*n*=3）

供试药物	耐药率（%）	菌株数（株）												
		药物浓度 200 μg/mL	药物浓度 100 μg/mL	药物浓度 50 μg/mL	药物浓度 25 μg/mL	药物浓度 12.5 μg/mL	药物浓度 6.25 μg/mL	药物浓度 3.13 μg/mL	药物浓度 1.56 μg/mL	药物浓度 0.78 μg/mL	药物浓度 0.39 μg/mL	药物浓度 0.2 μg/mL	MIC_{50}（μg/mL）	MIC_{90}（μg/mL）
恩诺沙星	0								1			2	0.65	1.24
硫酸新霉素	0							1	1	1			1.82	3.28
甲砜霉素	33.33	1					1	1					69.79	125.63
氟苯尼考	33.33			1				1	1				18.23	32.81
盐酸多西环素	33.33			1				1			1		17.84	32.11
氟甲喹	0			1								2	16.80	30.24

表 5 弧菌对磺胺间甲氧嘧啶钠的感受性分布表（*n*=3）

供试药物	耐药率（%）	菌株数（株）												
		药物浓度 512 μg/mL	药物浓度 256 μg/mL	药物浓度 128 μg/mL	药物浓度 64 μg/mL	药物浓度 32 μg/mL	药物浓度 16 μg/mL	药物浓度 8 μg/mL	药物浓度 4 μg/mL	药物浓度 2 μg/mL	药物浓度 1 μg/mL	药物浓度 0.2 μg/mL	MIC_{50}（μg/mL）	MIC_{90}（μg/mL）
磺胺间甲氧嘧啶钠	33.33	1	1	1									298.67	537.60

表 6 弧菌对磺胺甲噁唑/甲氧苄啶的感受性分布表（*n*=3）

供试药物	耐药率（%）	菌株数（株）												
		药物浓度 512/102.4 μg/mL	药物浓度 256/51.2 μg/mL	药物浓度 128/25.6 μg/mL	药物浓度 64/12.8 μg/mL	药物浓度 32/6.4 μg/mL	药物浓度 16/3.2 μg/mL	药物浓度 8/1.6 μg/mL	药物浓度 4/0.8 μg/mL	药物浓度 2/0.4 μg/mL	药物浓度 1/0.2 μg/mL	药物浓度 0.2 μg/mL	MIC_{50}（μg/mL）	MIC_{90}（μg/mL）
磺胺甲噁唑/甲氧苄啶	100.00	2	1										426.67/85.07	768/153.12

总体看，普通培养基分离出的菌落对磺胺类药物耐受率较高，均在 40%以上，耐受浓度在 128 μg/mL 以上。之后是甲砜霉素、氟苯尼考、盐酸多西环素，耐药率为 40%；耐药率为 0 的药物种类为硫酸新霉素、恩诺沙星（图 3）。

（2）小龙虾

将分离纯化的 21 株菌分别用 8 种水产用抗菌药物进行耐药性测试，测试结果显示分离纯化的菌株对磺胺类药物普遍耐药。本次分离的菌株耐药程度较为轻，在所有测试药物中 54.49%的菌株表现为敏感，12.57%的菌株表现为中敏，32.93%的菌株表现为耐药。所有菌株对磺胺类药物（磺胺间甲氧嘧啶钠、磺胺甲噁唑/甲氧苄啶）表现为耐药性较高，对恩诺沙星敏感性较高（100%）（图 4、图 5）。

普通培养基病原菌耐药率为 25%的药物有：甲砜霉素、氟苯尼考、氟甲喹；对磺胺甲噁唑/甲氧苄啶和磺胺间甲氧嘧啶钠的耐药率为 50%。弧菌耐药率在 50%～70%的药物有甲砜霉素、氟苯尼考、氟甲喹、磺胺甲噁唑/甲氧苄啶和磺胺间甲氧嘧啶钠；对盐酸多西环素药物的耐药率为 7.7%；对恩诺沙星和硫酸新霉素的耐药率均为 0（表 7 至表 12）。

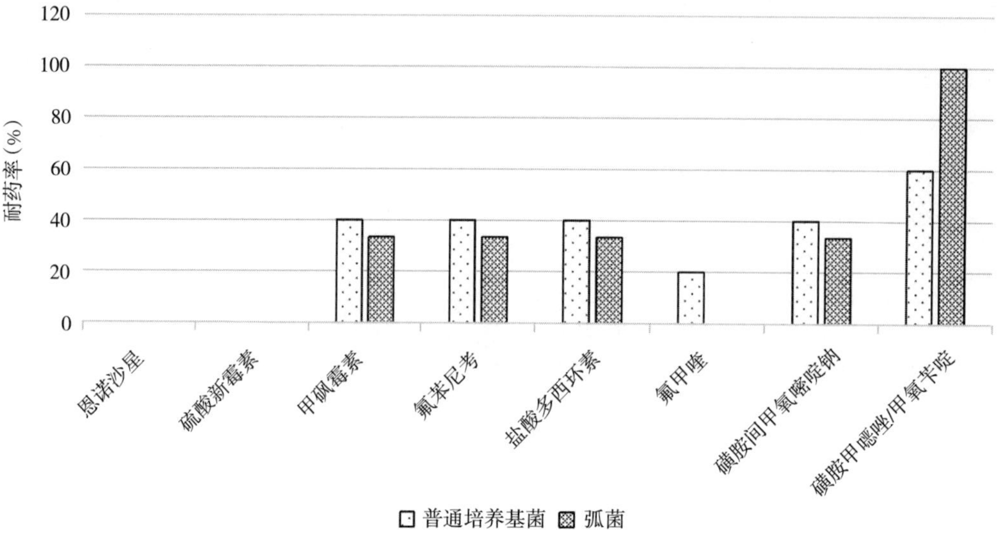

图 3　不同病原菌对水产用抗菌药物的耐药率

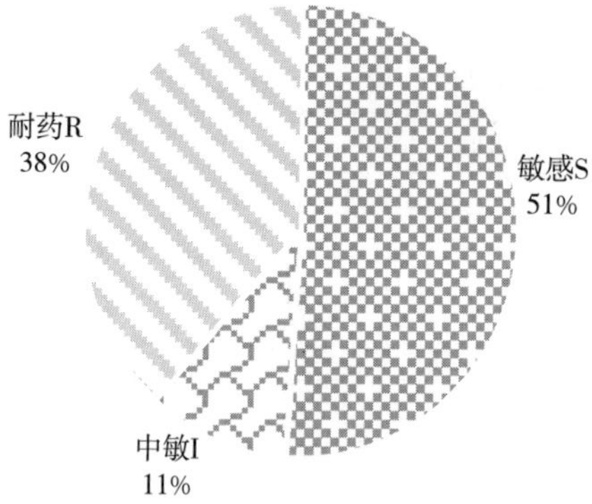

图 4　弧菌菌株的耐药谱型

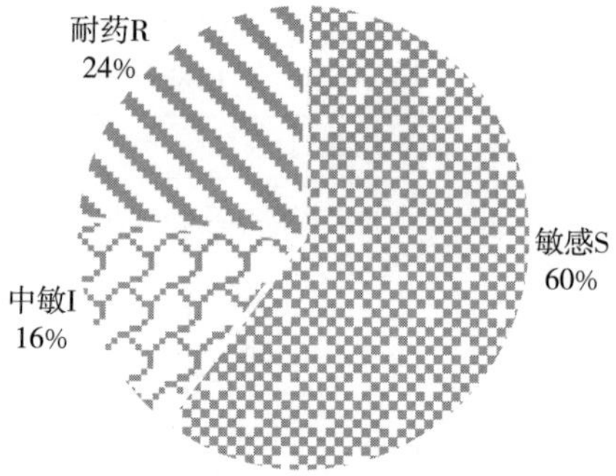

图 5　普通培养基病原菌的耐药谱型

表 7　普通培养基病原菌对 6 种水产抗菌药物的感受性分布表（$n=7$）

供试药物	耐药率（%）	菌株数（株） 药物浓度 200 μg/mL	药物浓度 100 μg/mL	药物浓度 50 μg/mL	药物浓度 25 μg/mL	药物浓度 12.5 μg/mL	药物浓度 6.25 μg/mL	药物浓度 3.13 μg/mL	药物浓度 1.56 μg/mL	药物浓度 0.78 μg/mL	药物浓度 0.39 μg/mL	药物浓度 0.2 μg/mL	MIC_{50}（μg/mL）	MIC_{90}（μg/mL）
恩诺沙星	0									1		6	0.28	0.59
硫酸新霉素	12.50							3	1	1		2	1.73	3.12

（续）

供试药物	耐药率（%）	菌株数（株） 药物浓度 200 μg/mL	药物浓度 100 μg/mL	药物浓度 50 μg/mL	药物浓度 25 μg/mL	药物浓度 12.5 μg/mL	药物浓度 6.25 μg/mL	药物浓度 3.13 μg/mL	药物浓度 1.56 μg/mL	药物浓度 0.78 μg/mL	药物浓度 0.39 μg/mL	药物浓度 0.2 μg/mL	MIC_{50} (μg/mL)	MIC_{90} (μg/mL)
甲砜霉素	25.00		1				2	2	1	1			17.30	31.14
氟苯尼考	25.00				1				4	2			4.69	8.43
盐酸多西环素	0						1			2	1	3	1.26	2.26
氟甲喹	25.00	2								1		4	57.37	103.26

表 8　水产养殖动物普通培养基病原菌对磺胺间甲氧嘧啶钠的感受性分布表（n=7）

供试药物	耐药率（%）	菌株数（株） 药物浓度 512 μg/mL	药物浓度 256 μg/mL	药物浓度 128 μg/mL	药物浓度 64 μg/mL	药物浓度 32 μg/mL	药物浓度 16 μg/mL	药物浓度 8 μg/mL	药物浓度 4 μg/mL	药物浓度 2 μg/mL	药物浓度 1 μg/mL	药物浓度 0.2 μg/mL	MIC_{50} (μg/mL)	MIC_{90} (μg/mL)
磺胺间甲氧嘧啶钠	50.00	3		1	1	1		1					252.57	454.63

表 9　水产养殖动物普通培养基病原菌对磺胺甲噁唑/甲氧苄啶的感受性分布表（n=7）

供试药物	耐药率（%）	菌株数（株） 药物浓度 512/102.4 μg/mL	药物浓度 256/51.2 μg/mL	药物浓度 128/25.6 μg/mL	药物浓度 64/12.8 μg/mL	药物浓度 32/6.4 μg/mL	药物浓度 16/3.2 μg/mL	药物浓度 8/1.6 μg/mL	药物浓度 4/0.8 μg/mL	药物浓度 2/0.4 μg/mL	药物浓度 1/0.2 μg/mL	药物浓度 0.2 μg/mL	MIC_{50} (μg/mL)	MIC_{90} (μg/mL)
磺胺甲噁唑/甲氧苄啶	50	1	3		1		2						196.57/39.26	353.83/70.66

表 10　水产养殖动物弧菌对 6 种水产抗菌药物的感受性分布表（n=14）

供试药物	耐药率（%）	菌株数（株） 药物浓度 200 μg/mL	药物浓度 100 μg/mL	药物浓度 50 μg/mL	药物浓度 25 μg/mL	药物浓度 12.5 μg/mL	药物浓度 6.25 μg/mL	药物浓度 3.13 μg/mL	药物浓度 1.56 μg/mL	药物浓度 0.78 μg/mL	药物浓度 0.39 μg/mL	药物浓度 0.2 μg/mL	MIC_{50} (μg/mL)	MIC_{90} (μg/mL)
恩诺沙星	0							1				13	0.26	0.73
硫酸新霉素	0	1						3	5	5			15.79	28.43
甲砜霉素	69.23	7	2			1		2	2				115.85	208.53
氟苯尼考	53.85			2	4	2	2		4				17.41	31.34
盐酸多西环素	7.69				1	2	1	3	3	1	2	1	5.15	9.27
氟甲喹	53.85	7								1		6	100.14	180.25

表 11　水产养殖动物弧菌对磺胺间甲氧嘧啶钠的感受性分布表（*n*=14）

供试药物	耐药率（%）	菌株数（株）												
		药物浓度 512 μg/mL	药物浓度 256 μg/mL	药物浓度 128 μg/mL	药物浓度 64 μg/mL	药物浓度 32 μg/mL	药物浓度 16 μg/mL	药物浓度 8 μg/mL	药物浓度 4 μg/mL	药物浓度 2 μg/mL	药物浓度 1 μg/mL	药物浓度 0.2 μg/mL	MIC_{50}（μg/mL）	MIC_{90}（μg/mL）
磺胺间甲氧嘧啶钠	53.85	8	1	3	1	1							345.14	621.26

表 12　水产养殖动物弧菌对磺胺甲噁唑/甲氧苄啶的感受性分布表（*n*=14）

供试药物	耐药率（%）	菌株数（株）												
		药物浓度 512/102.4 μg/mL	药物浓度 256/51.2 μg/mL	药物浓度 128/25.6 μg/mL	药物浓度 64/12.8 μg/mL	药物浓度 32/6.4 μg/mL	药物浓度 16/3.2 μg/mL	药物浓度 8/1.6 μg/mL	药物浓度 4/0.8 μg/mL	药物浓度 2/0.4 μg/mL	药物浓度 1/0.2 μg/mL	药物浓度 0.2 μg/mL	MIC_{50}（μg/mL）	MIC_{90}（μg/mL）
磺胺甲噁唑/甲氧苄啶	69.23	3	7		1	2	1						248/49.51	446.4/89.13

总体看，普通培养基分离出的病原菌对磺胺类药物的耐药率较高，均在 50%以上，耐受浓度在 128 μg/mL 以上。其次是对甲砜霉素、氟苯尼考、氟甲喹的耐药率为 25%；对硫酸新霉素的耐药率为 12.5%；耐药率为 0 的药物为恩诺沙星（图 6）。

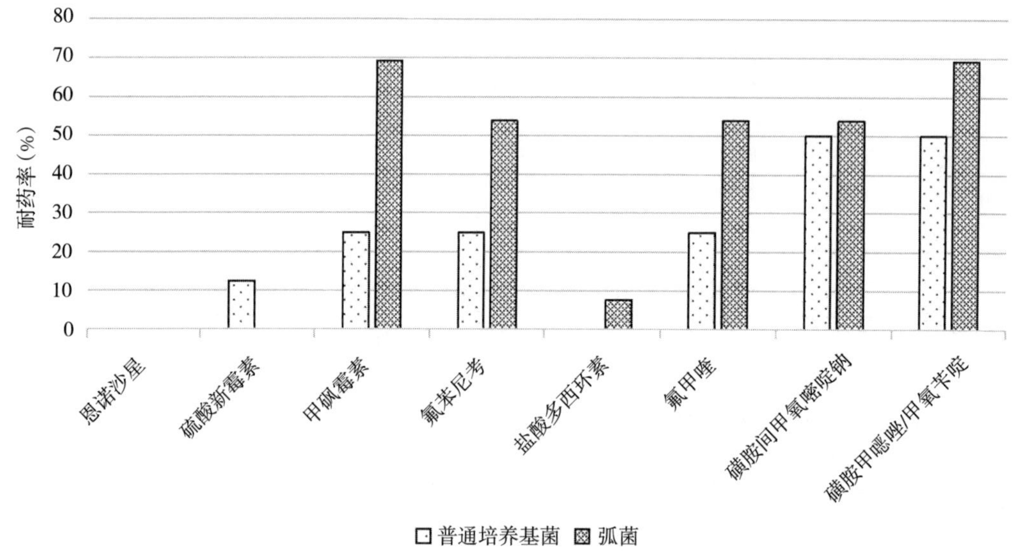

图 6　不同病原菌对水产用抗菌药物的耐药率

（3）加州鲈

①病原菌分离结果

从加州鲈发病及未发病样本先后分离到优势病原菌 10 株（表 13）。

表 13　加州鲈鱼采样及病原菌分离情况统计表

日期	采样点	病原菌编号	健康状况	备注
2020 年 6 月 17 日	泰丰渔场	202061701-白 2020061701-黄 2020061701-橙	发病	一尾病鱼通过分离培养得到 3 株病原微生物
	润生渔场	2020061702-白	正常	
2020 年 7 月 15 日	泰丰渔场	—	正常	两个养殖场均未发现病鱼
	润生渔场	—	正常	未采集到病原菌
2020 年 8 月 4 日	泰丰渔场	2020080401-橙	发病	
	润生渔场		正常	未分离出病原菌
2020 年 9 月 14 日	泰丰渔场	2020091402-白 2020091402-橙	发病	一尾病鱼通过分离培养得到 2 株病原微生物
	润生渔场	2020091401-黄	正常	—
2020 年 10 月 22 日	泰丰渔场	2020102202	发病	—
	润生渔场	2020102201	发病	—

注："泰丰渔场"为"山东泰丰鸿基农业科技开发有限公司"的简称；"润生渔场"为"茌平润生养殖专业合作社"的简称。

②药敏实验结果

将分离纯化的 10 株菌分别用 8 种水产用抗菌药物进行耐药性测试（表 14）。

表 14　加州鲈药敏试验结果一览表

病原菌编号	敏感药物	优选药物	MIC_{90}（μg/mL）
2020061701-白	恩诺沙星、硫酸新霉素、盐酸多西环素、氟甲喹	硫酸新霉素	3.13
2020061701-黄	恩诺沙星、硫酸新霉素、盐酸多西环素、氟甲喹	硫酸新霉素	1.56
2020061701-橙	恩诺沙星、硫酸新霉素、盐酸多西环素、氟甲喹	硫酸新霉素	1.56
2020061702-白	恩诺沙星、硫酸新霉素、氟苯尼考、盐酸多西环素、氟甲喹、磺胺间甲氧嘧啶、磺胺甲噁唑/甲氧苄啶	硫酸新霉素 盐酸多西环素	3.13 3.13
2020080401-橙	恩诺沙星、硫酸新霉素、盐酸多西环素、氟甲喹、磺胺间甲氧嘧啶、磺胺甲噁唑/甲氧苄啶	氟甲喹	0.39
2020091401-黄	恩诺沙星、硫酸新霉素、甲砜霉素、氟苯尼考、盐酸多西环素、氟甲喹、磺胺间甲氧嘧啶、磺胺甲噁唑/甲氧苄啶	盐酸多西环素	0.1
2020091402-白	恩诺沙星、硫酸新霉素、盐酸多西环素、氟甲喹	恩诺沙星、 盐酸多西环素	12.5 12.5
2020091402-橙	恩诺沙星、硫酸新霉素、盐酸多西环素、氟甲喹	盐酸多西环素	1.56
2020102201	恩诺沙星、硫酸新霉素、盐酸多西环素	硫酸新霉素	6.25
2020102202	恩诺沙星、硫酸新霉素、盐酸多西环素	硫酸新霉素	3.13

总体来看，分离出的 10 株病原菌均对硫酸新霉素敏感，耐药性与 2019 年相比变化较小。同时，部分特定病症的病原菌对盐酸多西环素和恩诺沙星也敏感。

三、分析与建议

1. 乌鳢

综合试验结果，对乌鳢肠炎病（主要由弧菌引起）的治疗，以恩诺沙星、硫酸新霉素、氟甲喹效果较好。除了上述药物，甲砜霉素、氟苯尼考、盐酸多西环素对腹水病的治疗也有一定的作用。不推荐在生产中使用磺胺类药物，如磺胺甲噁唑/甲氧苄啶。

2. 小龙虾

综合试验结果，对小龙虾细菌性疾病的治疗，以恩诺沙星、硫酸新霉素效果较好。除了上述药物治疗外，还应注意减小放养密度，调节水质，及时处理已经死亡的病虾，避免病毒扩散。磺胺类药物如磺胺甲噁唑/甲氧苄啶，不推荐在生产中使用。

3. 加州鲈

2019—2020 年，从加州鲈分离出的菌株对硫酸新霉素均为敏感，该水产用抗菌药物可以作为测试点及周边地区常见和新发细菌性疾病的首选药物。

2020年河南省水产养殖动物病原菌耐药性状况分析

杨雪冰　尚胜男　陈　颖　王　飞
（河南省水产技术推广站）

为了解和掌握水产养殖主要病原菌耐药性情况及其变化规律，指导渔民科学使用水产用抗菌药物，提高病原菌性病害防控成效，推动渔业绿色高质量发展，河南地区重点从鲤和鮰两种主要养殖品种中分离得到维氏气单胞菌、嗜水气单胞菌、温和气单胞菌等病原菌，并测定了其对恩诺沙星、硫酸新霉素、甲砜霉素、氟苯尼考、盐酸多西环素、氟甲喹、磺胺间甲氧嘧啶钠和磺胺甲噁唑/甲氧苄啶等8种水产用抗菌药物的敏感性，具体结果如下。

一、材料和方法

1. 样品采集

2020年4—10月，分别从河南省郑州市中牟县、荥阳市王村、洛阳市孟津县白鹤镇、洛阳市孟津县会盟镇、新乡市延津县和开封市龙亭区、开封市祥符区等养殖池塘，采集鲤和斑点叉尾鮰样品。每月一次，采集数量共119尾。

2. 病原菌分离筛选

将采集到的个体进行解剖，分别从肝、肾部位分离病原菌，采用BHIA培养基在28℃条件下培养后进行病原菌纯化。

3. 病原菌鉴定及保存

将分离纯化得到的病原菌提取核酸后进行测序，通过序列比对进行鉴定，同时用20％的甘油冷冻保存菌种。

二、药敏测试结果

1. 病原菌分离鉴定总体情况

2020年共分离病原菌40株，包括28株维氏气单胞菌、2株嗜水气单胞菌、1株杀鲑气单胞菌、1株温和气单胞菌、2株其他气单胞菌、6株类志贺邻单胞菌。

2. 病原菌耐药性分析

(1) 气单胞菌对抗菌药物的感受性

34株气单胞菌包括28株维氏气单胞菌、2株嗜水气单胞菌、1株杀鲑气单胞菌、1株温和气单胞菌、2株其他气单胞菌，对各种抗菌药物感受性如表1至表3所示。

表 1 气单胞菌对 6 种水产用抗菌药物的感受性分布（n=34）

供试药物	MIC_{50} (μg/mL)	MIC_{90} (μg/mL)	菌株数（株）											
			药物浓度 200 μg/mL	药物浓度 100 μg/mL	药物浓度 50 μg/mL	药物浓度 25 μg/mL	药物浓度 12.5 μg/mL	药物浓度 6.25 μg/mL	药物浓度 3.13 μg/mL	药物浓度 1.56 μg/mL	药物浓度 0.78 μg/mL	药物浓度 0.39 μg/mL	药物浓度 0.2 μg/mL	药物浓度 0.1 μg/mL
恩诺沙星	0.78	12.5				1	6	3	4	3	6	1	2	8
硫酸新霉素	3.13	12.5				1	3	8	8	9	3	1		
甲砜霉素	6.25	200	10	1			2	5	5	8	3			
氟苯尼考	1.56	200	5	1	4		2	2	1	10	9			
盐酸多西环素	0.78	12.5	1			2	2	7	2	1	10	2	3	4
氟甲喹	3.13	200	7		1	4	4	1	3	3	2		2	7

表 2 气单胞菌对磺胺间甲氧嘧啶钠的感受性分布（n=34）

供试药物	MIC_{50} (μg/mL)	MIC_{90} (μg/mL)	菌株数（株）									
			药物浓度 512 μg/mL	药物浓度 256 μg/mL	药物浓度 128 μg/mL	药物浓度 64 μg/mL	药物浓度 32 μg/mL	药物浓度 16 μg/mL	药物浓度 8 μg/mL	药物浓度 4 μg/mL	药物浓度 2 μg/mL	药物浓度 1 μg/mL
磺胺间甲氧嘧啶钠	512	512	20	1	2	6	3	2				

表 3 气单胞菌对磺胺甲噁唑/甲氧苄啶的感受性分布（n=34）

供试药物	MIC_{50} (μg/mL)	MIC_{90} (μg/mL)	菌株数（株）									
			药物浓度 512/102 μg/mL	药物浓度 256/51.2 μg/mL	药物浓度 128/25.6 μg/mL	药物浓度 64/12.8 μg/mL	药物浓度 32/6.4 μg/mL	药物浓度 16/3.2 μg/mL	药物浓度 8/1.6 μg/mL	药物浓度 4/0.8 μg/mL	药物浓度 2/0.4 μg/mL	药物浓度 1/0.2 μg/mL
磺胺甲噁唑/甲氧苄啶	256	512	8	12	5	3	1	4	1			

（2）类志贺邻单胞菌对各种抗菌药物的感受性

6 株类志贺邻单胞菌对抗菌药物的感受性见表 4 至表 6。

表 4 类志贺邻单胞菌对 6 种水产用抗菌药物的感受性分布（n=6）

供试药物	MIC_{50} (μg/mL)	MIC_{90} (μg/mL)	菌株数（株）											
			药物浓度 200 μg/mL	药物浓度 100 μg/mL	药物浓度 50 μg/mL	药物浓度 25 μg/mL	药物浓度 12.5 μg/mL	药物浓度 6.25 μg/mL	药物浓度 3.13 μg/mL	药物浓度 1.56 μg/mL	药物浓度 0.78 μg/mL	药物浓度 0.39 μg/mL	药物浓度 0.2 μg/mL	药物浓度 0.1 μg/mL
恩诺沙星	1.56	6.25		1				1		3	1			
硫酸新霉素	6.25	12.5				1	1	3	1					
甲砜霉素	1.56	200	3							1	2			
氟苯尼考	0.78	100		3							3			
盐酸多西环素	0.39	1.56			1					2		1		2
氟甲喹	3.13	25	1			2			1	2				

表5 类志贺邻单胞菌对磺胺间甲氧嘧啶钠的感受性分布（$n=6$）

供试药物	MIC50（μg/mL）	MIC90（μg/mL）	菌株数（株）									
			药物浓度512 μg/mL	药物浓度256 μg/mL	药物浓度128 μg/mL	药物浓度64 μg/mL	药物浓度32 μg/mL	药物浓度16 μg/mL	药物浓度8 μg/mL	药物浓度4 μg/mL	药物浓度2 μg/mL	药物浓度1 μg/mL
磺胺间甲氧嘧啶钠	512	512	5	1								

表6 类志贺邻单胞菌对磺胺甲噁唑/甲氧苄啶的感受性分布（$n=6$）

供试药物	MIC50（μg/mL）	MIC90（μg/mL）	菌株数（株）									
			药物浓度512/102 μg/mL	药物浓度256/51.2 μg/mL	药物浓度128/25.6 μg/mL	药物浓度64/12.8 μg/mL	药物浓度32/6.4 μg/mL	药物浓度16/3.2 μg/mL	药物浓度8/1.6 μg/mL	药物浓度4/0.8 μg/mL	药物浓度2/0.4 μg/mL	药物浓度1/0.2 μg/mL
磺胺甲噁唑/甲氧苄啶	512/102	512/102	6									

3. 耐药性变化情况

针对水产类抗菌药物对气单胞菌的 MIC，与 2019 年进行比较分析，结果如图 1 和图2 所示。

由图可知，与 2019 年相比，2020 年氟甲喹和磺胺甲噁唑/甲氧苄啶对气单胞菌的 MIC_{50} 均有大幅度下降，其他 7 种抗菌药物对气单胞菌的 MIC_{50} 相对稳定。甲砜霉素、氟苯尼考、氟甲喹、磺胺间甲氧嘧啶钠和磺胺甲噁唑/甲氧苄啶对气单胞菌的 MIC_{90} 保持相对稳定水平，而恩诺沙星、硫酸新霉素和盐酸多西环素对气单胞菌的 MIC_{90} 均有明显降低。

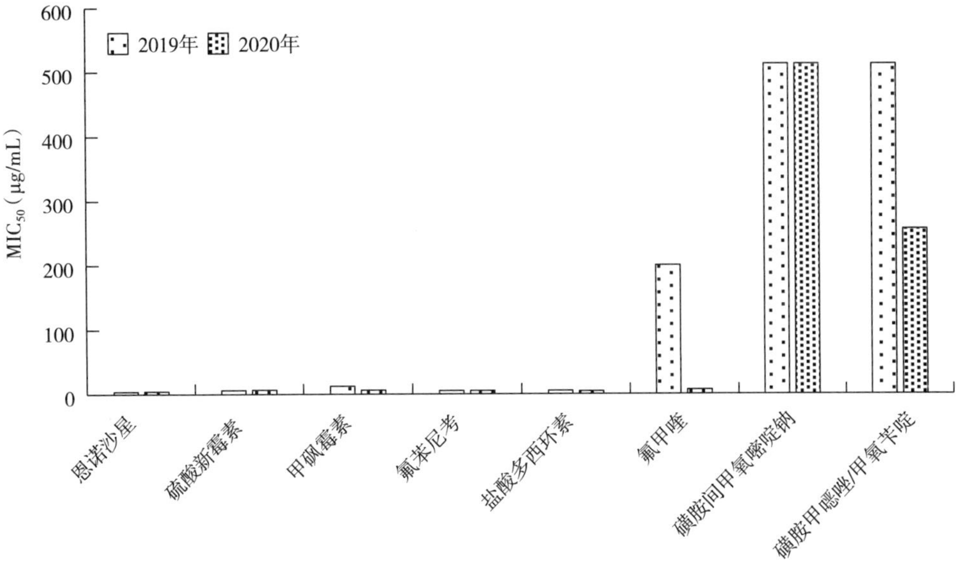

图1 2019—2020 年抗菌药物对病原菌的 MIC_{50} 变化

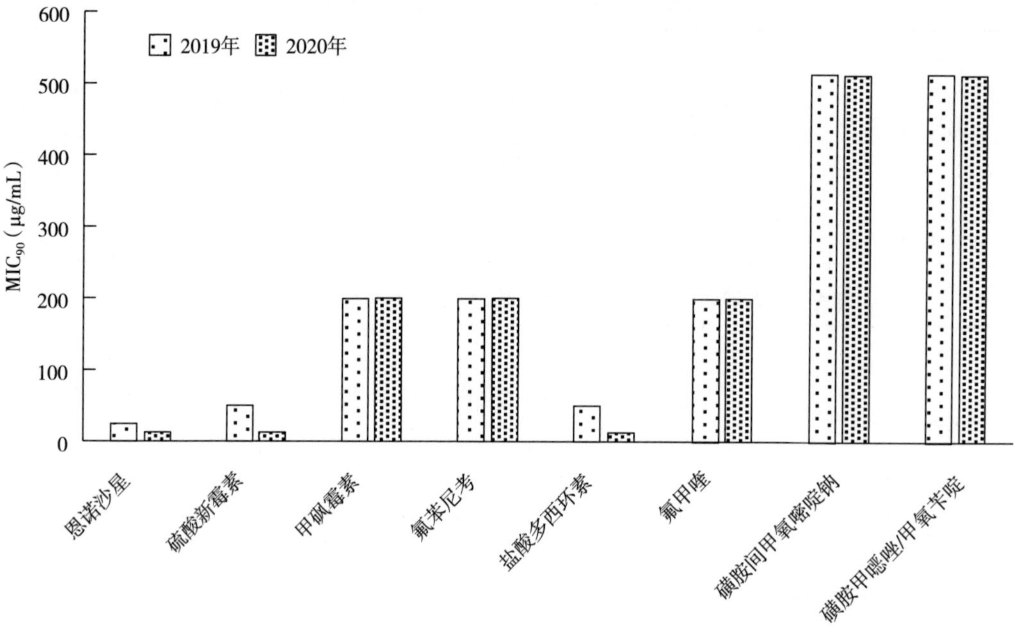

图 2　2019—2020 年抗菌药物对病原菌的 MIC_{90} 变化

三、分析与建议

针对本次分离到的 34 株气单胞菌，恩诺沙星、氟苯尼考、盐酸多西环素的 MIC_{50} 在 0.78～1.56 μg/mL，在所测试的抗菌药物中是病原菌最敏感的药物；然后是硫酸新霉素、氟甲喹和甲砜霉素，MIC_{50} 依次是 3.13 μg/mL、3.13 μg/mL 和 6.25 μg/mL；磺胺间甲氧嘧啶钠、磺胺甲噁唑/甲氧苄啶对气单胞菌的 MIC_{50} 均在 200 μg/mL 以上，为病原菌最不敏感的药物。

目前的检测结果表明，养殖户在选择用药时，恩诺沙星、氟苯尼考、盐酸多西环素、硫酸新霉素等为首选抗菌药物，尽量不要选择磺胺间甲氧嘧啶钠、磺胺甲噁唑/甲氧苄啶等药物。

病原菌对水产用抗菌药物的感受性会因时间、环境条件、药物使用的具体情况等外在因素产生相应的变化，为了能够做到科学、精准用药，需要对耐药性进行长期的动态监控，以确定最佳的治疗药物及用量。

2020年湖北省水产养殖动物病原菌耐药性状况分析

许钦涵　卢伶俐　温周瑞　韩育章
（湖北省水产科学研究所）

2020年湖北省重点从鲫中分离得到维氏气单胞菌和嗜水气单胞菌等病原菌，并测定了其对8种水产用抗菌药物的敏感性，具体结果如下。

一、材料和方法

1. 样品采集

2020年4月至10月，每月20号前后从湖北省武汉市黄陂区湖北正隆水产种业有限公司和湖北省黄冈市水产科学研究所异育银鲫养殖基地采集鲫样品。样品采集方法：随机捕获样品后用原池水装入高压聚乙烯袋，立即送回实验室。

2. 病原菌分离筛选

取样品鱼，用75%的酒精棉球擦洗体表，无菌条件下打开腹腔。迅速用接种环取肝、脾、肾等组织，划线接种于BHIA培养基，28℃培养24 h，挑取优势菌株接种于BHIA。

3. 病原菌鉴定及保存

纯化后的菌株由武汉转导生物实验室有限公司分析鉴定。菌株采用BHIA培养基在28℃培养16～24 h后，加入无菌甘油，使甘油浓度达到30%，然后在－20℃条件下冻存。

二、药敏测试结果

1. 病原菌分离鉴定总体情况

分离并纯化到的菌株有153株，其中78株为维氏气单胞菌，分离自黄冈样品鱼的维氏气单胞菌有46株，分离自黄陂样品鱼的维氏气单胞菌有32株（表1）。其中常见的水产致病菌包括：嗜水气单胞菌5株、豚鼠气单胞菌2株、类志贺邻单胞菌4株、霍乱弧菌2株。其他菌种均为不常见水产致病菌或非水产致病菌，如嗜热杆菌7株、乙酰短杆菌3株、加维乳球菌3株等。

表1　4—10月分离到的菌株数

类别	4月	5月	6月	7月	8月	9月	10月	合计
总菌株数	5	44	28	36	13	15	12	153
维氏气单胞菌数	4	16	19	17	8	12	2	78

（续）

类别	4月	5月	6月	7月	8月	9月	10月	合计
分离自黄冈的维氏气单胞菌	3	9	16	10	6	0	2	46
分离自黄陂的维氏气单胞菌	1	7	3	7	2	12	0	32

2. 病原菌耐药性分析

随机选取51株维氏气单胞菌进行感受性测定，测定结果如表2至表4所示。

表2　51株维氏气单胞菌对6种水产抗菌药物的感受性结果

供试药物	MIC50（μg/mL）	MIC90（μg/mL）	菌株数（株）											
			药物浓度200 μg/mL	药物浓度100 μg/mL	药物浓度50 μg/mL	药物浓度25 μg/mL	药物浓度12.5 μg/mL	药物浓度6.25 μg/mL	药物浓度3.13 μg/mL	药物浓度1.56 μg/mL	药物浓度0.78 μg/mL	药物浓度0.39 μg/mL	药物浓度0.2 μg/mL	药物浓度0.1 μg/mL
恩诺沙星	0.05	1.06				1		2		1	5	2	13	27
硫酸新霉素	2.90	7.29			1		4	18	18	9	1			
甲砜霉素	2.20	14.16	4					5	8	31	3			
氟苯尼考	1.70	9.98	3				1	2	3	35	7			
盐酸多西环素	0.40	3.21			1	1	1	4		1	17	13	4	8
氟甲喹	0.26	22.01	2		1	5	6	1	1	3	3	15	1	23

表3　51株维氏气单胞菌对磺胺间甲氧嘧啶钠的感受性结果

供试药物	MIC50（μg/mL）	MIC90（μg/mL）	菌株数（株）									
			药物浓度512 μg/mL	药物浓度256 μg/mL	药物浓度128 μg/mL	药物浓度64 μg/mL	药物浓度32 μg/mL	药物浓度16 μg/mL	药物浓度8 μg/mL	药物浓度4 μg/mL	药物浓度2 μg/mL	药物浓度1 μg/mL
磺胺间甲氧嘧啶钠	93.43	338.40	15	4	8	15	9					

表4　51株维氏气单胞菌对磺胺甲噁唑/甲氧苄啶的感受性结果

供试药物	MIC50（μg/mL）	MIC90（μg/mL）	菌株数（株）									
			药物浓度512/102 μg/mL	药物浓度256/51.2 μg/mL	药物浓度128/25.6 μg/mL	药物浓度64/12.8 μg/mL	药物浓度32/6.4 μg/mL	药物浓度16/3.2 μg/mL	药物浓度8/1.6 μg/mL	药物浓度4/0.8 μg/mL	药物浓度2/0.4 μg/mL	药物浓度1/0.2 μg/mL
磺胺甲噁唑/甲氧苄啶	172.73/35.34	403.52/69.92	15	22	12	2						

51株维氏气单胞菌中，29株分离自黄冈样品鱼，22株分离自黄陂样品鱼，对黄冈黄陂两地的维氏气单胞菌耐药性结果分别统计，结果如表5至表10所示。

表5　黄冈地区29株维氏气单胞菌对6种水产抗菌药物的感受性结果

供试药物	MIC_{50}（μg/mL）	MIC_{90}（μg/mL）	菌株数（株）											
			药物浓度200 μg/mL	药物浓度100 μg/mL	药物浓度50 μg/mL	药物浓度25 μg/mL	药物浓度12.5 μg/mL	药物浓度6.25 μg/mL	药物浓度3.13 μg/mL	药物浓度1.56 μg/mL	药物浓度0.78 μg/mL	药物浓度0.39 μg/mL	药物浓度0.2 μg/mL	药物浓度0.1 μg/mL
恩诺沙星	0.08	1.40				1		1		1	4	1	8	13
硫酸新霉素	2.86	8.65			1		3	10	6	8	1			
甲砜霉素	2.93	27.83	4					4	4	14	3			
氟苯尼考	2.00	17.73	3				1	1	1	17	6			
盐酸多西环素	0.41	4.72			1	1	1	2		1	7	9	2	5
氟甲喹	0.66	44.58	2		1	4	3	1		2	2	4	1	9

表6　黄冈地区29株维氏气单胞菌对磺胺间甲氧嘧啶钠的感受性结果

供试药物	MIC_{50}（μg/mL）	MIC_{90}（μg/mL）	菌株数（株）									
			药物浓度512 μg/mL	药物浓度256 μg/mL	药物浓度128 μg/mL	药物浓度64 μg/mL	药物浓度32 μg/mL	药物浓度16 μg/mL	药物浓度8 μg/mL	药物浓度4 μg/mL	药物浓度2 μg/mL	药物浓度1 μg/mL
磺胺间甲氧嘧啶钠	108.78	436.69	11	2	5	5	6					

表7　黄冈地区29株维氏气单胞菌对磺胺甲噁唑/甲氧苄啶的感受性结果

供试药物	MIC_{50}（μg/mL）	MIC_{90}（μg/mL）	菌株数（株）									
			药物浓度512/102 μg/mL	药物浓度256/51.2 μg/mL	药物浓度128/25.6 μg/mL	药物浓度64/12.8 μg/mL	药物浓度32/6.4 μg/mL	药物浓度16/3.2 μg/mL	药物浓度8/1.6 μg/mL	药物浓度4/0.8 μg/mL	药物浓度2/0.4 μg/mL	药物浓度1/0.2 μg/mL
磺胺甲噁唑/甲氧苄啶	159.10/31.80	316.86/63.41	6	14	7	2						

表8　黄陂区22株维氏气单胞菌对6种水产抗菌药物的感受性结果

供试药物	MIC_{50}（μg/mL）	MIC_{90}（μg/mL）	菌株数（株）											
			药物浓度200 μg/mL	药物浓度100 μg/mL	药物浓度50 μg/mL	药物浓度25 μg/mL	药物浓度12.5 μg/mL	药物浓度6.25 μg/mL	药物浓度3.13 μg/mL	药物浓度1.56 μg/mL	药物浓度0.78 μg/mL	药物浓度0.39 μg/mL	药物浓度0.2 μg/mL	药物浓度0.1 μg/mL
恩诺沙星	0.03	0.48						1			1	1	5	14
硫酸新霉素	2.94	5.30					1	8	12	1				
甲砜霉素	1.35	2.33						1	4	17				
氟苯尼考	2.45	4.36						1	2	18	1			
盐酸多西环素	0.39	1.61						2			11	4	2	3
氟甲喹	0.08	5.16				1	3		1	1	1	1		14

表 9　黄陂区 22 株维氏气单胞菌对磺胺间甲氧嘧啶钠的感受性结果

供试药物	MIC_{50} (μg/mL)	MIC_{90} (μg/mL)	菌株数（株）									
			药物浓度 512 μg/mL	药物浓度 256 μg/mL	药物浓度 128 μg/mL	药物浓度 64 μg/mL	药物浓度 32 μg/mL	药物浓度 16 μg/mL	药物浓度 8 μg/mL	药物浓度 4 μg/mL	药物浓度 2 μg/mL	药物浓度 1 μg/mL
磺胺间甲氧嘧啶钠	76.95	236.71	4	2	3	10	3					

表 10　黄陂区 22 株维氏气单胞菌对磺胺甲噁唑/甲氧苄啶的感受性结果

供试药物	MIC_{50} (μg/mL)	MIC_{90} (μg/mL)	菌株数（株）									
			药物浓度 512/102 μg/mL	药物浓度 256/51.2 μg/mL	药物浓度 128/25.6 μg/mL	药物浓度 64/12.8 μg/mL	药物浓度 32/6.4 μg/mL	药物浓度 16/3.2 μg/mL	药物浓度 8/1.6 μg/mL	药物浓度 4/0.8 μg/mL	药物浓度 2/0.4 μg/mL	药物浓度 1/0.2 μg/mL
磺胺甲噁唑/甲氧苄啶	197.60/40.44	471.77/77.50	9	8	5							

根据美国临床和实验室标准化协会的标准，对药物的敏感性及耐药性判定范围进行划分。氟苯尼考、恩诺沙星及硫酸新霉素：S 敏感，MIC≤2 μg/mL；I 中敏，MIC=4 μg/mL；R 耐药，MIC≥8 μg/mL。盐酸多西环素：S 敏感，MIC≤4 μg/mL；I 中敏，MIC=8 μg/mL；R 耐药，MIC≥16 μg/mL。氟甲喹、甲砜霉素：S 敏感，MIC≤8 μg/mL；I 中敏，MIC=16 μg/mL；R 耐药，MIC≥32 μg/mL。磺胺类：S 敏感，MIC≤9.5 μg/mL；I 中敏，MIC=38 μg/mL；R 耐药，MIC≥76 μg/mL。磺胺甲噁唑/甲氧苄啶：S 敏感，MIC≤38/2 μg/mL；I 中敏，MIC=76/4 μg/mL；R 耐药，MIC≥152/8 μg/mL。根据以上划分范围，得出维氏气单胞菌对各种药物的敏感性结果如表 11 所示。

表 11　51 株维氏气单胞菌对水产抗菌药物的敏感性测定结果

抗生素	S 敏感	I 中敏	R 耐药
恩诺沙星	48（94.12%）	2（3.92%）	1（1.96%）
硫酸新霉素	10（19.61%）	36（70.59%）	5（9.80%）
甲砜霉素	47（92.16%）		4（7.84%）
盐酸多西环素	44（86.28%）	5（9.80%）	2（3.92%）
氟苯尼考	42（82.36%）	5（9.80%）	4（7.84%）
氟甲喹	37（72.55%）	11（21.57%）	3（5.88%）
磺胺间甲氧嘧啶钠		24（47.06%）	27（52.94%）
磺胺甲噁唑/甲氧苄啶		14（27.45%）	37（72.55%）

注：括号前数字为菌株数，括号内数字为所占百分比。

从表 11 可以看出，维氏气单胞菌对恩诺沙星、甲砜霉素、盐酸多西环素、氟苯尼考和氟甲喹都有很强的敏感性，对硫酸新霉素和磺胺间甲噁唑/甲氧苄啶基本处于中敏状态，但对磺胺间甲氧嘧啶钠的敏感性较差，甚至已有超过半数的菌株耐药。

分地区统计维氏气单胞菌的耐药性结果如表 12、表 13 所示。

表 12　黄冈地区 29 株维氏气单胞菌对水产抗菌药物的敏感性测定结果

抗生素	S（敏感）	I（中敏）	R（耐药）
恩诺沙星	27（93.10%）	1（3.45%）	1（3.45%）
硫酸新霉素	9（31.03%）	16（55.17%）	4（13.79%）
甲砜霉素	25（86.21%）		4（13.79%）
盐酸多西环素	23（79.31%）	2（6.90%）	4（13.79%）
氟苯尼考	24（82.76%）	3（10.34%）	2（6.90%）
氟甲喹	19（65.52%）	7（24.14%）	3（10.34%）
磺胺间甲氧嘧啶钠		11（37.93%）	18（62.07%）
磺胺甲噁唑/甲氧苄啶		9（31.03%）	20（68.97%）

注：括号前数字为菌株数，括号内数字为所占百分比。

表 13　黄陂地区 22 株维氏气单胞菌对水产抗菌药物的敏感性测定结果（株）

抗生素	S（敏感）	I（中敏）	R（耐药）
恩诺沙星	21（95.45%）	1（4.55%）	
硫酸新霉素	1（4.55%）	20（90.91%）	1（4.55%）
甲砜霉素	22（100.00%）		
盐酸多西环素	19（86.36%）	3（13.64%）	
氟苯尼考	20（90.91%）	2（9.09%）	
氟甲喹	18（81.82%）	4（18.18%）	
磺胺间甲氧嘧啶钠		13（59.09%）	9（40.91%）
磺胺甲噁唑/甲氧苄啶		5（22.73%）	17（77.27%）

注：括号前数字为菌株数，括号内数字为所占百分比。

对比表 12 和 13 的结果可以看出，黄陂地区和黄冈地区的维氏气单胞菌对恩诺沙星、硫酸新霉素、甲砜霉素、盐酸多西环素、氟苯尼考和氟甲喹的敏感性都比较高，相较来说黄陂地区的维氏气单胞菌对这 6 种药的敏感性更高，只有硫酸新霉素有 4.55%的菌株耐药。磺胺间甲氧嘧啶钠和磺胺甲噁唑/甲氧苄啶对两地的维氏气单胞菌都不能起到很好的抗菌效果，其中黄陂地区的维氏气单胞菌对磺胺间甲氧嘧啶钠的中敏程度更高，而黄冈地区的维氏气单胞菌则比黄陂地区的对磺胺甲噁唑/甲氧苄啶的中敏程度更高。

3. 耐药性变化情况

2019 年湖北省主要水产养殖动物致病菌为维氏气单胞菌，通过将 2019 年和 2020 年 8 种水产用抗菌药物对维氏气单胞菌的 MIC_{90} 进行对比（图 1）可以发现，恩诺沙星、硫酸新霉素、甲砜霉素、氟苯尼和磺胺间甲氧嘧啶钠对维氏气单胞菌的 MIC_{90} 都升高了 1 倍以上，盐酸多西环素和磺胺甲噁唑/甲氧苄啶对维氏气单胞菌的 MIC_{90} 基本维持不变，而氟甲喹对维氏气单胞菌的 MIC_{90} 大幅下降。说明湖北地区的维氏气单胞菌对恩诺沙星、硫酸新霉素、甲砜霉素、氟苯尼考和磺胺间甲氧嘧啶钠的敏感性下降，对盐酸多西环素和磺胺甲噁唑/甲氧苄啶的敏感性几乎不变，而对氟甲喹的敏感性有所上升。

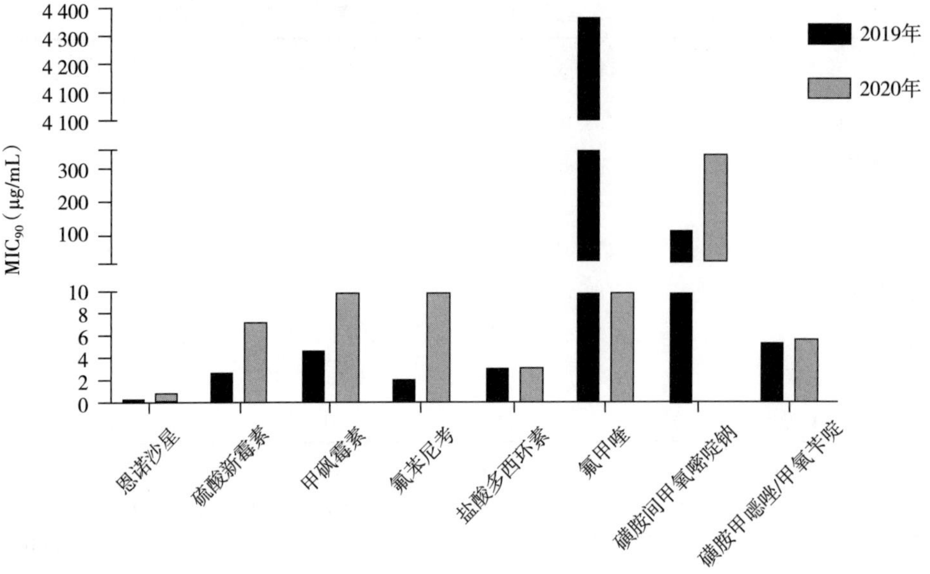

图 1　2019—2020 年的 8 种水产抗菌药物对维氏气单胞菌的 MIC_{90}

三、分析与建议

上述数据表明维氏气单胞菌对恩诺沙星、甲砜霉素、氟苯尼考、盐酸多西环素和氟甲喹都有较高的敏感性，对硫酸新霉素和磺胺间甲氧嘧啶钠中敏，但对磺胺间甲噁唑/甲氧苄啶耐药。建议尽量不使用磺胺间甲噁唑/甲氧苄啶，避免对已产生的耐药基因产生筛选作用。养殖生产中要加强预防，必须使用水产用抗菌药物时，建议使用恩诺沙星、盐酸多西环素和氟苯尼考。目前已对恩诺沙星、盐酸多西环素和氟苯尼考产生耐药性的菌株占比较低，且这 3 种水产抗菌药物的 MIC_{90} 的都小于 10 μg/mL，属于既有效又经济的药物。

黄冈和黄陂地区的维氏气单胞菌耐药性相差不大，但是相比之下黄冈的维氏气单胞菌对恩诺沙星、硫酸新霉素、甲砜霉素、盐酸多西环素、氟苯尼考和氟甲喹的敏感性都低于黄陂地区，这可能跟黄冈地区的药物使用量有关，相关药物用得越多，越容易导致耐药性的产生。建议在生产中尽量以防代治，避免细菌产生耐药性。

2020年广东省水产养殖动物病原菌耐药性状况分析

唐 姝 林华剑 倪 军 张 志 袁东辉

（广东省动物疫病预防控制中心）

为指导生产一线科学选择和使用水产用抗菌药物，提高防控细菌性病害成效，降低药物用量，2020年5—9月，广东省从3个人工养殖场的水产养殖动物体内分离气单胞菌及链球菌菌株共计64株，测定了其对水产用抗菌药物的敏感性，具体结果如下。

一、材料与方法

1. 样品采集

2020年5—9月，广东省从广州、珠海、佛山等3个城市的养殖场采集罗非鱼、加州鲈、黄颡鱼、黄鳍鲷等水产养殖动物，用于病原菌的分离。

2. 病原菌分离筛选

将样品解剖后，取肝脏、脾脏、肾脏及脑四个组织部位进行平板划线，28℃培养24 h，挑取优势菌落，进行细菌纯化培养。

3. 病原菌鉴定及保存

将纯化后的细菌用水煮法提取核酸，使用细菌通用引物27F-1492R扩增细菌16S rRNA基因，测序比对，确定其分类。纯化后的细菌用25%甘油保种，存放于－80℃冰箱。

二、药敏测试结果

1. 病原菌分离鉴定总体情况

总共分离出32株气单胞菌和32株无乳/海豚链球菌。

2. 病原菌耐药性分析

（1）气单胞菌对抗菌药物的感受性

32株气单胞菌包括20株维氏气单胞菌、5株简答气单胞菌、5株嗜水气单胞菌、1株舒伯特气单胞菌、1株豚鼠气单胞菌。气单胞菌是水产养殖动物细菌性败血症等的致病菌。32株气单胞菌对各种抗菌药物的感受性测定结果如表1至表3所示。

表1 32株气单胞菌对6种抗菌药物的感受性

供试药物	菌株数（株）											
	药物浓度 200 μg/mL	药物浓度 100 μg/mL	药物浓度 50 μg/mL	药物浓度 25 μg/mL	药物浓度 12.5 μg/mL	药物浓度 6.25 μg/mL	药物浓度 3.13 μg/mL	药物浓度 1.56 μg/mL	药物浓度 0.78 μg/mL	药物浓度 0.39 μg/mL	药物浓度 0.2 μg/mL	药物浓度 0.1 μg/mL
恩诺沙星				1	2	1	2	6	3	2	4	11

（续）

供试药物	菌株数（株）											
	药物浓度 200 μg/mL	药物浓度 100 μg/mL	药物浓度 50 μg/mL	药物浓度 25 μg/mL	药物浓度 12.5 μg/mL	药物浓度 6.25 μg/mL	药物浓度 3.13 μg/mL	药物浓度 1.56 μg/mL	药物浓度 0.78 μg/mL	药物浓度 0.39 μg/mL	药物浓度 0.2 μg/mL	药物浓度 0.1 μg/mL
硫酸新霉素					1	3	4	16	7	1		
甲砜霉素	12	2			2	5	3	6	2			
氟苯尼考	10	2					9	11				
盐酸多西环素	1			5	7	1	4	4	4	2	1	3
氟甲喹	8		4	5	2	1		2	2	1		7

表 2　32 株气单胞菌对磺胺间甲氧嘧啶的感受性

供试药物	菌株数（株）									
	药物浓度 512 μg/mL	药物浓度 256 μg/mL	药物浓度 128 μg/mL	药物浓度 64 μg/mL	药物浓度 32 μg/mL	药物浓度 16 μg/mL	药物浓度 8 μg/mL	药物浓度 4 μg/mL	药物浓度 2 μg/mL	药物浓度 1 μg/mL
磺胺间甲氧嘧啶钠	24	2	2	3	1					

表 3　32 株气单胞菌对磺胺甲噁唑/甲氧苄啶的感受性

供试药物	菌株数（株）									
	药物浓度 512/102.4 μg/mL	药物浓度 256/51.2 μg/mL	药物浓度 128/25.6 μg/mL	药物浓度 64/12.8 μg/mL	药物浓度 32/6.4 μg/mL	药物浓度 16/3.2 μg/mL	药物浓度 8/1.6 μg/mL	药物浓度 4/0.8 μg/mL	药物浓度 2/0.4 μg/mL	药物浓度 1/0.2 μg/mL
磺胺甲噁唑/甲氧苄啶	23	7	2							

（2）链球菌对各种抗菌药物的感受性

32 株链球菌包括 11 株海豚链球菌和 21 株无乳链球菌。链球菌是引起水产养殖动物特别是罗非鱼等细菌性疾病的重要病原菌。32 株链球菌对各种抗菌药物的耐药性测定结果如表 4 至表 6 所示。

表 4　32 株链球菌对 6 种抗菌药物的感受性

供试药物	菌株数（株）											
	药物浓度 200 μg/mL	药物浓度 100 μg/mL	药物浓度 50 μg/mL	药物浓度 25 μg/mL	药物浓度 12.5 μg/mL	药物浓度 6.25 μg/mL	药物浓度 3.13 μg/mL	药物浓度 1.56 μg/mL	药物浓度 0.78 μg/mL	药物浓度 0.39 μg/mL	药物浓度 0.2 μg/mL	药物浓度 0.1 μg/mL
恩诺沙星									4	4	13	11
硫酸新霉素			1	2	4	11	1	4		5	4	
甲砜霉素						1	2	15	14			

（续）

供试药物	菌株数（株）											
	药物浓度 200 μg/mL	药物浓度 100 μg/mL	药物浓度 50 μg/mL	药物浓度 25 μg/mL	药物浓度 12.5 μg/mL	药物浓度 6.25 μg/mL	药物浓度 3.13 μg/mL	药物浓度 1.56 μg/mL	药物浓度 0.78 μg/mL	药物浓度 0.39 μg/mL	药物浓度 0.2 μg/mL	药物浓度 0.1 μg/mL
氟苯尼考						2	5	24	1			
盐酸多西环素	1	1										30
氟甲喹				4	4	12	1	1	8			2

表5　32株链球菌对磺胺间甲氧嘧啶的感受性

供试药物	菌株数（株）									
	药物浓度 512 μg/mL	药物浓度 256 μg/mL	药物浓度 128 μg/mL	药物浓度 64 μg/mL	药物浓度 32 μg/mL	药物浓度 16 μg/mL	药物浓度 8 μg/mL	药物浓度 4 μg/mL	药物浓度 2 μg/mL	药物浓度 1 μg/mL
磺胺间甲氧嘧啶钠	1	1		1	1				13	15

表6　32株链球菌对磺胺甲噁唑/甲氧苄啶的感受性

供试药物	菌株数（株）									
	药物浓度 512/102.4 μg/mL	药物浓度 256/51.2 μg/mL	药物浓度 128/25.6 μg/mL	药物浓度 64/12.8 μg/mL	药物浓度 32/6.4 μg/mL	药物浓度 16/3.2 μg/mL	药物浓度 8/1.6 μg/mL	药物浓度 4/0.8 μg/mL	药物浓度 2/0.4 μg/mL	药物浓度 1/0.2 μg/mL
磺胺甲噁唑/甲氧苄啶				1	2		1		4	24

（3）不同地区病原菌对抗菌药物的耐药性

比较8种抗菌药物对广州与珠海两个地区养殖场分离的链球菌与气单胞菌的MIC_{50}（表7）发现，对于广州与珠海的链球菌，除了恩诺沙星、硫酸新霉素、甲砜霉素与磺胺间甲氧嘧啶钠外，其余4种抗菌药物的MIC_{50}相同。广州与珠海两地硫酸新霉素与氟苯尼考对气单胞菌的MIC_{50}相同。珠海地区抗菌药物对链球菌与气单胞菌的MIC_{50}均比广州地区小。

表7　8种药物对不同养殖地区分离的链球菌和气单胞菌的MIC_{50}

单位：μg/mL

供试药物	链球菌		气单胞菌	
	广州	珠海	广州	珠海
恩诺沙星	0.2	0.1	1.56	0.1
硫酸新霉素	6.25	0.39	1.56	1.56
甲砜霉素	1.56	0.78	6.25	3.13
氟苯尼考	1.56	1.56	3.13	3.13
盐酸多西环素	0.10	0.10	12.50	0.78

（续）

供试药物	链球菌		气单胞菌	
	广州	珠海	广州	珠海
氟甲喹	6.25	6.25	50.00	0.10
磺胺间甲氧嘧啶钠	2	1	不敏感	256
磺胺甲噁唑/甲氧苄啶	1/0.2	1/0.2	不敏感	256/51.2

（4）不同时间分离的病原菌对抗菌药物的耐药性

8 种抗菌药物对不同时间分离出来的链球菌和气单胞菌的 MIC_{50} 如表 8 所示。由表可知，除了甲砜霉素外，7 种抗菌药物对 7 月分离出来的链球菌的 MIC_{50} 等于或大于 6 月。5—8 月，8 种抗菌药物对气单胞菌的 MIC_{50} 呈现一路升高的趋势。9 月恩诺沙星、甲砜霉素、氟苯尼考、氟甲喹 4 种药物对气单胞菌的 MIC_{50} 比前几个月份都低。

表 8　8 种药物对不同月份分离的链球菌和气单胞菌的 MIC_{50}

μg/mL

供试药物	链球菌		气单胞菌				
	6 月	7 月	5 月	6 月	7 月	8 月	9 月
恩诺沙星	0.1	0.2	0.2	0.1	1.56	12.5	0.1
硫酸新霉素	1.56	6.25	1.56	6.25	1.56	1.56	1.56
甲砜霉素	1.56	0.78	0.78	6.25	不敏感	不敏感	1.56
氟苯尼考	1.56	1.56	1.56	3.13	3.13	不敏感	1.56
盐酸多西环素	0.10	0.10	3.13	1.56	12.50	12.50	12.50
氟甲喹	6.25	6.25	0.10	不敏感	25.00	25.00	0.78
磺胺间甲氧嘧啶钠	1	2	128	512	不敏感	256	256
磺胺甲噁唑/甲氧苄啶	1/0.2	1/0.2	128/25.6	不敏感	256/51.2	512/102	512/102

3. 耐药性变化情况

2019—2020 年链球菌与气单胞菌对 8 种抗菌药物的耐药性有一定的变化（表 9）。其中恩诺沙星、氟甲喹、磺胺间甲氧嘧啶钠和磺胺甲噁唑/甲氧苄啶对链球菌的 MIC_{50} 明显降低，其他 4 种药物 MIC_{50} 无明显变化。恩诺沙星、硫酸新霉素对气单胞菌的 MIC_{50} 降低，盐酸多西环素、氟甲喹、磺胺间甲氧嘧啶钠和磺胺甲噁唑/甲氧苄啶 MIC_{50} 升高，甲砜霉素与氟苯尼考 MIC_{50} 基本保持不变。

表 9　链球菌与气单胞菌对 8 种抗菌药物耐药性变化

单位：μg/mL

供试药物	链球菌		气单胞菌	
	2019 年	2020 年	2019 年	2020 年
恩诺沙星	6.25	0.1	12.5	0.1
硫酸新霉素	1.56	3.13	25	1.56
甲砜霉素	3.13	1.56	25	25
氟苯尼考	0.2	1.56	6.25	3.13

（续）

供试药物	链球菌		气单胞菌	
	2019年	2020年	2019年	2020年
盐酸多西环素	1.56	0.1	0.78	3.13
氟甲喹	25	6.25	0.2	25
磺胺间甲氧嘧啶钠	256	1	2	512
磺胺甲噁唑/甲氧苄啶	128/25.6	1/0.2	128/25.6	512/102.4

三、分析与建议

1. 关于水产养殖动物分离菌的耐药性分析

不同抗菌药物的药敏试验的结果判定标准有所不同，参照NCCLS的标准和CLSI标准，对药物的敏感性及耐药性判定范围进行划分。恩诺沙星、氟甲喹、盐酸多西环素：S敏感，MIC≤2 μg/mL；I中敏，MIC=4 μg/mL；R耐药，MIC≥8 μg/mL。氟苯尼考、甲砜霉素、硫酸新霉素：S敏感，MIC≤4 μg/mL；I中敏，MIC=8 μg/mL；R耐药，MIC≥16 μg/mL。磺胺类：S敏感，MIC≤32 μg/mL；I中敏，MIC=80 μg/mL；R耐药，MIC≥128 μg/mL。磺胺甲噁唑/甲氧苄啶：S敏感，MIC≤38/2 μg/mL；I中敏，MIC=76/4 μg/mL；R耐药，MIC≥152/8 μg/mL。依据这一划分范围，将所有抗菌药物对菌株的MIC测定结果进行判定，得出所有菌株对各抗生素的耐药性结果，如表10、表11所示。

表10　32株气单胞菌对抗菌药物耐药性测定结果

单位：株

抗菌药物	S敏感株	I中敏株	R耐药株
恩诺沙星	26（81.25%）	3（9.375%）	3（9.375%）
硫酸新霉素	28（87.5%）	4（12.5%）	
甲砜霉素	11（34.38%）	7（21.88%）	14（43.75%）
氟苯尼考	20（62.50%）		12（37.50%）
盐酸多西环素	14（43.75%）	5（15.63%）	13（40.63%）
氟甲喹	12（37.50%）	1（3.13%）	19（59.38%）
磺胺间甲氧嘧啶钠	1（3.13%）	3（9.375%）	28（87.5%）
磺胺甲噁唑/甲氧苄啶		2（6.25%）	30（93.75%）

注：表中括号前数字为菌株数，括号内数字为百分比。

表11　32株链球菌对抗菌药物耐药性测定结果

单位：株

抗菌药物	S敏感	I中敏	R耐药
恩诺沙星	32（100%）		
硫酸新霉素	14（43.75%）	15（46.875%）	3（9.375%）
甲砜霉素	31（96.875%）	1（3.13%）	

（续）

抗菌药物	S敏感	I中敏	R耐药
氟苯尼考	30（93.75%）	2（6.25%）	
盐酸多西环素	30（93.75%）		2（6.25%）
氟甲喹	11（34.375%）	13（40.625%）	8（25%）
磺胺间甲氧嘧啶钠	29（90.625%）	1（3.13%）	2（6.25%）
磺胺甲噁唑/甲氧苄啶	31（96.875%）	1（3.13%）	

注：表中括号数字前为菌株数，括号内数字为百分比。

2. 关于选择用药的建议

从目前的结果看，2020年广东省分离的32株气单胞菌除对氟甲喹、磺胺间甲氧嘧啶钠和磺胺甲噁唑/甲氧苄啶不敏感外（耐药菌株超过50%），对恩诺沙星、硫酸新霉素、氟苯尼考均敏感（敏感菌株数超过50%）。建议养殖户选择恩诺沙星、硫酸新霉素、氟苯尼考进行气单胞菌引起的细菌性疾病的治疗。

2020年广东省从3个城市分离的32株链球菌，对恩诺沙星、甲砜霉素、氟苯尼考、盐酸多西环素、磺胺间甲氧嘧啶钠和磺胺甲噁唑/甲氧苄啶的感受性很高（敏感菌株数超过90%）。建议养殖户选用恩诺沙星、甲砜霉素和磺胺甲噁唑/甲氧苄啶等药物进行链球菌引起的细菌性疾病的治疗。

气单胞菌与链球菌对8种抗菌药物的敏感性大不相同。链球菌对磺胺类药物（磺胺间甲氧嘧啶钠和磺胺甲噁唑/甲氧苄啶）极其敏感，气单胞菌却对其耐药。说明磺胺类药物适用于治疗链球菌引起的细菌性疾病。恩诺沙星与氟苯尼考对两种细菌都有着良好的抗菌效果，适合治疗由气单胞菌和链球菌或多种细菌共同作用引起的细菌性疾病。

2020年广西壮族自治区水产养殖动物病原菌耐药性状况分析

胡大胜[1]　梁静真[2]　韩书煜[1]　易　弋[3]　施金谷[1]　梁　怡[1]
（1. 广西壮族自治区水产技术推广站　2. 广西大学　3. 广西科技大学）

为了解和掌握水产养殖主要病原菌耐药性情况及变化规律，指导养殖户科学使用水产用抗菌药物，提高细菌性病害防控成效，推动渔业绿色高质量发展，2020年广西开展了养殖罗非鱼无乳链球菌耐药性监测工作，具体结果如下。

一、材料和方法

1. 样品采集

4—10月根据养殖水体的温度和水产养殖动物的发病情况，及时采集病原微生物样品进行培养、鉴定、药物敏感性分析。到现场采集患病鱼，现场解剖鱼体，在脑、肝、脾、心、肾5个部分采集组织。

2. 病原菌分离筛选

2020年，从玉州区、合浦县、田东县等地养殖场饲养的罗非鱼体中选取有典型病征的个体进行活体解剖，选取肝、脑、肾等病灶部位接种于添加含5.0%羊血的BHIA培养基上，分离致病菌。病原菌的采样时间、养殖场户数及罗非鱼数量见表1。

表1　病原菌采集情况表

采样时间	养殖场（户）	罗非鱼（尾）	无乳链球菌（株）
2020年5月11日	1	3	1
2020年5月22日	2	6	2
2020年5月25日	1	3	1
2020年6月4日	1	3	1
2020年6月17日	2	6	2
2020年6月20日	1	3	1
2020年6月28日	1	3	1
2020年7月19日	2	6	2
2020年7月22日	1	3	1
2020年7月24日	1	3	1
2020年8月2日	2	6	2
2020年8月3日	1	3	1
2020年8月8日	1	3	1
2020年8月17日	2	6	2

（续）

采样时间	养殖场（户）	罗非鱼（尾）	无乳链球菌（株）
2020年8月24日	2	6	4
2020年9月4日	2	6	2
2020年9月6日	3	9	4
2020年10月1日	1	3	1
合计	27	81	30

3. 病原菌纯化与鉴定保存

样品运输回实验室后，30℃培养16～18h，取优势菌落进行细菌分离、纯化。应用梅里埃生化鉴定仪以及分子生物学方法进行细菌属种鉴定，共分离到30株无乳链球菌。

4. 无乳链球菌对水产用抗菌药物的感受性检测

按照《水产养殖主要病原菌耐药性普查技术操作规范》进行无乳链球菌对水产用抗菌药物的感受性检测。

5. 无乳链球菌对水产用抗菌药物的耐药性判断标准

参照美国临床实验室标准研究所（CLSI）标准，对药物的敏感性及耐药性判定范围进行划分。诺氟沙星类及盐酸多西环素：S敏感，MIC≤2 μg/mL；I中敏，MIC=4 μg/mL；R耐药，MIC≥8 μg/mL。磺胺类：S敏感，MIC≤9.5 μg/mL；R耐药，MIC≥76 μg/mL。氟苯尼考、甲砜霉素及硫酸新霉素：S敏感，MIC≤4 μg/mL；I中敏，MIC=8 μg/mL；R耐药，MIC≥16 μg/mL。

二、药敏测试结果

1. 病原菌总体情况

水产用抗菌药物对30株无乳链球菌的MIC详见表2。

表2 水产用抗菌药物对30株无乳链球菌的MIC

单位：μg/mL

菌株	恩诺沙星	硫酸新霉素	甲砜霉素	氟苯尼考	盐酸多西环素	氟甲喹	磺胺间甲氧嘧啶钠	磺胺甲噁唑/甲氧苄啶
GHP200511TL	0.39	12.5	6.25	3.13	0.2	1.56	64	128/25.6
GHC200522TL	0.39	6.25	200	6.25	0.1	12.5	8	16/3.2
GHL200522TB	0.78	25	6.25	3.13	0.2	1.56	128	16/3.2
GHP200522TB	0.78	25	6.25	6.25	0.39	0.78	64	32/6.4
GHS200604TB	0.78	6.25	1.56	3.13	0.1	12.5	2	2/0.4
GHMA200617TL	0.78	25	6.25	3.13	0.2	1.56	128	64/12.8
GHMB200617TB	0.78	25	6.25	3.13	0.2	1.56	128	64/12.8
GHS200620TB	0.78	25	6.25	3.13	0.2	3.13	128	64/12.8
GYL200628TL	0.78	25	6.25	3.13	0.2	0.78	64	16/3.2

（续）

菌株	恩诺沙星	硫酸新霉素	甲砜霉素	氟苯尼考	盐酸多西环素	氟甲喹	磺胺间甲氧嘧啶钠	磺胺甲噁唑/甲氧苄啶
GHYA200719TL	0.2	12.5	3.13	1.56	0.1	0.78	64	8/1.6
GHYB200719TB	0.2	12.5	3.13	1.56	0.1	1.56	64	8/1.6
GYL200722TL	0.39	12.5	6.25	3.13	0.1	1.56	64	16/3.2
GHW200724TB	0.39	25	6.25	3.13	0.2	0.78	128	64/12.8
GHHA200802TL	0.39	25	6.25	3.13	0.2	1.56	128	64/12.8
GHHA200802TB	0.39	25	6.25	3.13	0.2	6.25	128	64/12.8
GHS200803TL	0.78	12.5	6.25	3.13	0.2	0.78	64	32/6.4
GHC200808TL	0.78	25	6.25	3.13	0.2	1.56	64	512/102
GHCA200817TL	0.78	12.5	1.56	3.13	0.1	12.5	4	2/0.4
GHCB200817TB	0.39	6.25	1.56	3.13	0.1	12.5	2	2/0.4
GTHA200824TS	0.39	25	6.25	3.13	0.1	1.56	64	512/102
GTHB200824TB	0.39	12.5	3.13	1.56	0.1	0.78	64	16/3.2
GTHA200824TS	0.39	12.5	3.13	1.56	0.1	0.78	64	16/3.2
GTHB200824TB	0.2	12.5	3.13	1.56	0.1	0.78	128	16/3.2
GHLA200904TL	0.2	12.5	3.13	1.56	0.1	1.56	64	8/1.6
GHLB200904TB	0.2	12.5	3.13	1.56	0.1	1.56	64	8/1.6
GHBA200906TL	0.2	12.5	3.13	1.56	0.1	0.78	64	16/3.2
GHBB200906TB	0.39	25	6.25	1.56	0.1	3.13	64	32/6.4
GHCA200906TL	0.39	12.5	3.13	1.56	0.1	0.78	64	32/6.4
GHCB200906TB	0.39	25	6.25	3.13	0.1	3.13	128	32/6.4
GHL201001TK	0.78	6.25	6.25	3.13	0.2	0.78	128	32/6.4

表2结果显示，恩诺沙星和盐酸多西环素的MIC均小于2 μg/mL。13株无乳链球菌菌株对硫酸新霉素的MIC大于16 μg/mL，10株菌株对磺胺间甲氧嘧啶的MIC大于76 μg/mL。由表3可见，硫酸新霉素和磺胺甲噁唑/甲氧苄啶对病原菌的MIC_{90}分别为18.69 μg/mL和98.40 μg/mL，均稍高于其各自的临界值16 μg/mL和76 μg/mL。磺胺间甲氧嘧啶MIC_{90}为166.49 μg/mL，为该药物耐药临界值（76 μg/mL）的2.2倍。

表3　水产用抗菌药物对30株无乳链球菌的MIC/相应菌株数量以及MIC_{50}、MIC_{90}

水产用抗菌药物	不同药物的MIC（μg/mL）/相应菌株数量（株）				MIC_{50}（μg/mL）	MIC_{90}（μg/mL）
恩诺沙星	0.2/6	0.39/13	0.78/11		0.32	0.60
硫酸新霉素	6.25/4	12.5/13	25/13		10.85	18.69
甲砜霉素	1.56/3	3.13/9	6.25/17	200/1	3.73	12.34
氟苯尼考	1.56/10	3.13/18	6.25/2		1.83	3.19

（续）

水产用抗菌药物	不同药物的 MIC（μg/mL）/相应菌株数量（株）							MIC_{50}（μg/mL）	MIC_{90}（μg/mL）
盐酸多西环素	0.1/17	0.2/12	0.39/1					0.085	0.202
氟甲喹	0.78/11	1.56/11	3.13/3	6.25/1	12.5/4			1.323	4.165
磺胺间甲氧嘧啶	2/2	4/1	8/1	64/16	128/10			35.62	166.49
磺胺甲噁唑/甲氧苄啶	(2/0.4)/3	(8/1.6)/4	(16/3.2)/8	(32/6.4)/6	(64/12.8)/6	(128/25.6)/1	(512/102)/2	16.90	98.40

2. 罗非鱼无乳链球菌耐药性分析

2020 年从养殖罗非鱼分离到的 30 株无乳链球菌对不同的水产用抗菌药物表现出不同程度的敏感性和耐药性，感受性检测结果详见表 4。无乳链球菌对恩诺沙星、盐酸多西环素的敏感率为 100.0%，这两种药为治疗无乳链球菌病的首选药物；对氟苯尼考敏感率为 93.3%，耐药率为 0；对硫酸新霉素的耐药性为 43.3%。

表 4　30 株无乳链球菌对水产用抗菌药物感受性测定结果

药物种类	S 敏感（%）	I 中敏（%）	R 耐药（%）
恩诺沙星	100.0	0	0
硫酸新霉素	0	56.7	43.3
甲砜霉素	40.0	56.7	3.0
氟苯尼考	93.3	6.7	0
盐酸多西环素	100.0	0	0
氟甲喹	73.3	13.3	13.3
磺胺间甲氧嘧啶	13.3	53.3	33.3
磺胺甲噁唑/甲氧苄啶	23.3	66.7	10.0

3. 2015—2020 年罗非鱼无乳链球菌药物耐受性变化情况

2015—2020 年，8 种水产用抗菌药物对无乳链球菌的 MIC_{50} 变化如表 5 所示。盐酸多西环素、恩诺沙星的 MIC_{50} 始终保持平稳，维持较低水平。甲砜霉素和氟苯尼考对无乳链球菌的 MIC_{50} 逐年呈正相关变化趋势。2016 年的硫酸新霉素、磺胺间甲氧嘧啶和磺胺甲噁唑对无乳链球菌的 MIC_{50} 均数倍于其他年份，其原因均有待进一步研究。2019 年和 2020 年，磺胺间甲氧嘧啶和磺胺甲噁唑/甲氧苄啶的 MIC_{50} 与之前相比明显下降（图 1），这可能与换用了新的药敏试验板以及磺胺甲噁唑/甲氧苄啶为复方制剂有关。

表 5　2015—2020 年 8 种水产用抗菌药物对无乳链球菌的 MIC_{50}

单位：μg/mL

药物品种	2015 年	2016 年	2017 年	2018 年	2019 年	2020 年
恩诺沙星			1.68	0.284	0.63	0.32
硫酸新霉素	43.18	230.27	10.36	69.99	9.54	10.85

（续）

药物品种	2015 年	2016 年	2017 年	2018 年	2019 年	2020 年
甲砜霉素	1.65	3.11	1.53	19.72	4.42	3.73
氟苯尼考	1.01	2.09	0.64	8.95	2.38	1.83
盐酸多西环素	0.006	0.167	0.07	0.002	0.19	0.085
氟甲喹					0.78	1.323
磺胺间甲氧嘧啶		1866.96	117.34	165.28	86.89	35.62
磺胺甲噁唑*	257.07	1866.96	123.15	169.77	25.94	16.90

注：*2016—2018 年是磺胺甲噁唑，2019—2020 年是磺胺甲噁唑/甲氧苄啶。

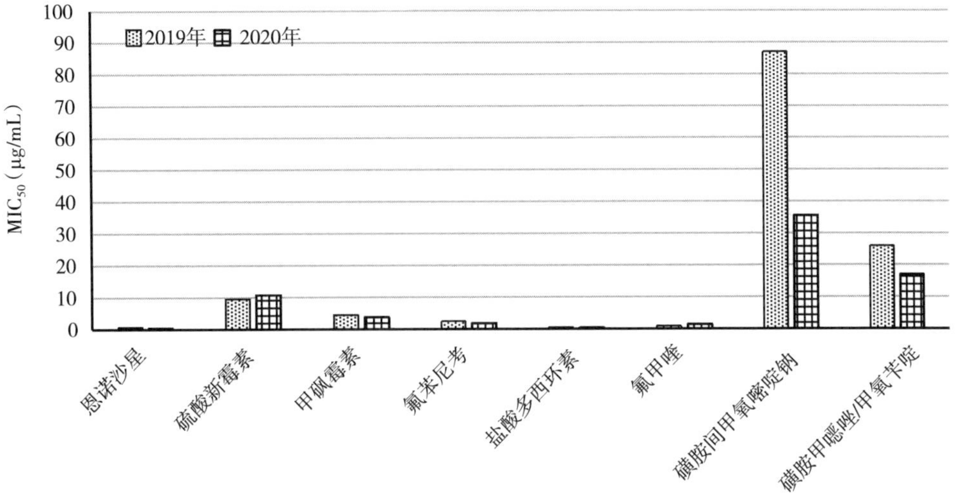

图 1　8 种水产用抗菌药物的 MIC_{50} 变化趋势

三、分析与建议

1. 关于养殖罗非鱼无乳链球菌的耐药性

因广西鱼病诊疗服务没有得到普及，许多罗非鱼主养区域的县级水产技术推广站没有开展鱼病诊疗服务，发生病情后，养殖户只能寻求饲料售后人员或兽药销售人员开方治疗，多以 3～5 种抗菌药物联合使用，更有甚者还在其中添加了非国标水产用兽药（如头孢类抗菌药物），病情可控但无法治愈，导致了链球菌的耐药性越来越严重。

2. 关于养殖罗非鱼无乳链球菌病防控用药的建议

监测结果显示，无乳链球菌对恩诺沙星、盐酸多西环素的敏感率为 100%，保持了较高的敏感性，这两种药为治疗广西养殖罗非鱼无乳链球菌病的首选药物。无乳链球菌对硫酸新霉素、磺胺间甲氧嘧啶和磺胺甲噁唑/甲氧苄啶 3 种药物产生耐药性的风险非常高，不建议用于广西养殖罗非鱼无乳链球菌病的防治。

2020 年重庆市水产养殖动物病原菌耐药性状况分析

张利平　冉　路　陈雨露　朱　涛
（重庆市水产技术推广总站）

为推进渔业转型升级，提高水产品安全质量水平，促进水产养殖用药减量增效，推进渔业绿色发展。重庆市水产技术推广总站开展了水产养殖动物病原菌微生物耐药性监测工作，具体情况如下。

一、材料和方法

1. 样品采集

在重庆市永川区和荣昌区选择 4 个监测点，分别是永川区的赖凤平渔场和金平春渔场，荣昌区的邓开成养殖场和龙集高养殖场。2020 年 4—10 月，每月从 4 个监测点各采样一次，采样品种为鲫，每次采样 20 尾。

2. 病原菌分离筛选

在洁净台面上将样品体表用 75%酒精进行简单消毒，对健康的鱼分别取肝、脾、肾、鳃黏液等组织，分别放入 BHIA 培养基中，在 28℃培养 8～24 h 进行增菌。对于有病灶表现的鱼，则直接取病灶部位样品。然后在 BHI 琼脂平板上进行划线，在 28℃培养 16～24 h，挑取单菌落至 BHI 液体培养基中，在 28℃培养 16～24 h，之后进行下一步鉴定。

3. 病原菌鉴定及保存

对挑取的菌株用分子生物学方法进行鉴定。吸取适量的菌液，用核酸提取试剂盒或煮沸法进行核酸提取，然后用 PCR 试剂盒对 16S rRNA 基因进行扩增，将电泳结果合格的扩增产物送往测序公司进行测序，最后将测序结果在 NCBI 网站进行比对分析，确定菌株种属信息。然后用终浓度为 25%的无菌甘油冷冻保存，筛选出目的菌株进行药物敏感性测定。供试药物为恩诺沙星、硫酸新霉素、甲砜霉素、氟苯尼考、盐酸多西环素、氟甲喹、磺胺间甲氧嘧啶钠、磺胺甲噁唑/甲氧苄啶。

二、药敏测试结果

1. 病原菌分离鉴定总体情况

2020 年共分离出病原株 26 株，其中嗜水气单胞菌 5 株、维氏气单胞菌 3 株、假单胞菌 8 株、其他气单胞菌 10 株。测定方法按照说明书进行。用大肠埃希氏菌（ATCC25922）做质控菌株进行质控。

2. 病原菌耐药性分析

(1) 抗菌药物对所有病原菌的 MIC_{50} 和 MIC_{90} 统计结果分析

恩诺沙星、硫酸新霉素、盐酸多西环素、氟甲喹对病原菌的 MIC_{90} 均小于 2 μg/mL，均表现出强的敏感性。甲砜霉素、氟苯尼考、磺胺间甲氧嘧啶钠、磺胺甲嘧唑/甲氧苄啶对病原菌的 MIC 较高，其中磺胺类的两种药物 MIC 均超过了检测上限，病原菌表现出较强的耐药性。具体结果见表 1 至表 3。

表 1　病原菌对各药物的感受性分布（n=26）

供试药物	MIC_{50}（μg/mL）	MIC_{90}（μg/mL）	菌株数（株）											
			药物浓度 200 μg/mL	药物浓度 100 μg/mL	药物浓度 50 μg/mL	药物浓度 25 μg/mL	药物浓度 12.5 μg/mL	药物浓度 6.25 μg/mL	药物浓度 3.13 μg/mL	药物浓度 1.56 μg/mL	药物浓度 0.78 μg/mL	药物浓度 0.39 μg/mL	药物浓度 0.2 μg/mL	药物浓度 0.1 μg/mL
恩诺沙星	0.079	0.287									2	3	5	16
硫酸新霉素	0.805	1.998						1	3	11	5	6		
甲砜霉素	7.428	138.193	8	1					8	7	2			
氟苯尼考	5.296	141.129	8		1				2	8	7			
盐酸多西环素	0.168	1.238					1		1		5	6	4	9
氟甲喹	0.127	1.557						1	2	4	2	1	2	14

表 2　病原菌对磺胺间甲氧嘧啶钠的感受性分布（n=26）

供试药物	MIC_{50}（μg/mL）	MIC_{90}（μg/mL）	菌株数（株）									
			药物浓度 512 μg/mL	药物浓度 256 μg/mL	药物浓度 128 μg/mL	药物浓度 64 μg/mL	药物浓度 32 μg/mL	药物浓度 16 μg/mL	药物浓度 8 μg/mL	药物浓度 4 μg/mL	药物浓度 2 μg/mL	药物浓度 1 μg/mL
磺胺间甲氧嘧啶钠	116.242	456.720	10	2	5	6	2	1				

表 3　病原菌对磺胺甲嘧唑/甲氧苄啶的感受性分布（n=26）

供试药物	MIC_{50}（μg/mL）	MIC_{90}（μg/mL）	菌株数（株）									
			药物浓度 512/102 μg/mL	药物浓度 256/51.2 μg/mL	药物浓度 128/25.6 μg/mL	药物浓度 64/12.8 μg/mL	药物浓度 32/6.4 μg/mL	药物浓度 16/3.2 μg/mL	药物浓度 8/1.6 μg/mL	药物浓度 4/0.8 μg/mL	药物浓度 2/0.4 μg/mL	药物浓度 1/0.2 μg/mL
磺胺甲嘧唑/甲氧苄啶	97.025/19.397	431.626/86.254	9	2	4	6	3	2				

（2）抗菌药物对不同病原菌的 MIC_{50} 和 MIC_{90} 统计结果分析

恩诺沙星、硫酸新霉素、甲砜霉素、氟苯尼考、盐酸多西环素、氟甲喹对嗜水气单胞菌的 MIC_{90} 均介于 0.2～4.0 μg/mL，病原菌表现出较强的敏感性。磺胺间甲氧嘧啶钠、磺胺甲嘧唑/甲氧苄啶对嗜水气单胞菌的 MIC_{90} 均超过检测上限，病原菌表现出强耐药性。具体结果见表 4 至表 6。

表 4　嗜水气单胞菌对各药物的感受性分布（n=5）

供试药物	MIC_{50}（μg/mL）	MIC_{90}（μg/mL）	菌株数（株）											
			药物浓度 200 μg/mL	药物浓度 100 μg/mL	药物浓度 50 μg/mL	药物浓度 25 μg/mL	药物浓度 12.5 μg/mL	药物浓度 6.25 μg/mL	药物浓度 3.13 μg/mL	药物浓度 1.56 μg/mL	药物浓度 0.78 μg/mL	药物浓度 0.39 μg/mL	药物浓度 0.2 μg/mL	药物浓度 0.1 μg/mL
恩诺沙星	0.051	0.201										1		4

（续）

供试药物	MIC50 (μg/mL)	MIC90 (μg/mL)	菌株数（株）											
			药物浓度 200 μg/mL	药物浓度 100 μg/mL	药物浓度 50 μg/mL	药物浓度 25 μg/mL	药物浓度 12.5 μg/mL	药物浓度 6.25 μg/mL	药物浓度 3.13 μg/mL	药物浓度 1.56 μg/mL	药物浓度 0.78 μg/mL	药物浓度 0.39 μg/mL	药物浓度 0.2 μg/mL	药物浓度 0.1 μg/mL
硫酸新霉素	0.726	1.945							1	2		2		
甲砜霉素	1.913	3.342							4	1				
氟苯尼考	1.115	1.917								5				
盐酸多西环素	0.123	3.996					1					1	1	2
氟甲喹	0.016	1.699						1						4

表 5 嗜水气单胞菌对磺胺间甲氧嘧啶钠的感受性分布（$n=5$）

供试药物	MIC50 (μg/mL)	MIC90 (μg/mL)	菌株数（株）									
			药物浓度 512 μg/mL	药物浓度 256 μg/mL	药物浓度 128 μg/mL	药物浓度 64 μg/mL	药物浓度 32 μg/mL	药物浓度 16 μg/mL	药物浓度 8 μg/mL	药物浓度 4 μg/mL	药物浓度 2 μg/mL	药物浓度 1 μg/mL
磺胺间甲氧嘧啶钠	106.722	243.669	1		3	1						

表 6 嗜水气单胞菌对磺胺甲噁唑/甲氧苄啶的感受性分布（$n=5$）

供试药物	MIC50 (μg/mL)	MIC90 (μg/mL)	菌株数（株）									
			药物浓度 512/102 μg/mL	药物浓度 256/51.2 μg/mL	药物浓度 128/25.6 μg/mL	药物浓度 64/12.8 μg/mL	药物浓度 32/6.4 μg/mL	药物浓度 16/3.2 μg/mL	药物浓度 8/1.6 μg/mL	药物浓度 4/0.8 μg/mL	药物浓度 2/0.4 μg/mL	药物浓度 1/0.2 μg/mL
磺胺甲噁唑/甲氧苄啶	69.437/13.884	317.774/63.515	1	1		2		1				

恩诺沙星、硫酸新霉素、盐酸多西环素、氟甲喹对假单胞菌的 MIC_{90} 均介于 0.3～2.5 μg/mL，表现出较强的敏感性。甲砜霉素、氟苯尼考、磺胺间甲氧嘧啶钠、磺胺甲噁唑/甲氧苄啶对假单胞菌的 MIC_{90} 均超过检测上限，假单胞菌表现出强耐药性。具体结果见表 7 至表 9。

表 7 假单胞菌对各药物的感受性分布（$n=8$）

供试药物	MIC50 (μg/mL)	MIC90 (μg/mL)	菌株数（株）											
			药物浓度 200 μg/mL	药物浓度 100 μg/mL	药物浓度 50 μg/mL	药物浓度 25 μg/mL	药物浓度 12.5 μg/mL	药物浓度 6.25 μg/mL	药物浓度 3.13 μg/mL	药物浓度 1.56 μg/mL	药物浓度 0.78 μg/mL	药物浓度 0.39 μg/mL	药物浓度 0.2 μg/mL	药物浓度 0.1 μg/mL
恩诺沙星	0.127	0.357									1	1	3	3
硫酸新霉素	0.434	0.785								1	3	4		
甲砜霉素	137.969	313.942	8											

（续）

供试药物	MIC_{50}（μg/mL）	MIC_{90}（μg/mL）	菌株数（株）											
			药物浓度 200 μg/mL	药物浓度 100 μg/mL	药物浓度 50 μg/mL	药物浓度 25 μg/mL	药物浓度 12.5 μg/mL	药物浓度 6.25 μg/mL	药物浓度 3.13 μg/mL	药物浓度 1.56 μg/mL	药物浓度 0.78 μg/mL	药物浓度 0.39 μg/mL	药物浓度 0.2 μg/mL	药物浓度 0.1 μg/mL
氟苯尼考	137.969	313.942	8											
盐酸多西环素	0.388	0.712									5	2	1	
氟甲喹	0.695	2.475							2	3	1		2	

表8　假单胞菌对磺胺间甲氧嘧啶钠的感受性分布（n=8）

供试药物	MIC_{50}（μg/mL）	MIC_{90}（μg/mL）	菌株数（株）									
			药物浓度 512 μg/mL	药物浓度 256 μg/mL	药物浓度 128 μg/mL	药物浓度 64 μg/mL	药物浓度 32 μg/mL	药物浓度 16 μg/mL	药物浓度 8 μg/mL	药物浓度 4 μg/mL	药物浓度 2 μg/mL	药物浓度 1 μg/mL
磺胺间甲氧嘧啶钠	362.943	953.971	8									

表9　假单胞菌对磺胺甲噁唑/甲氧苄啶的感受性分布（n=8）

供试药物	MIC_{50}（μg/mL）	MIC_{90}（μg/mL）	菌株数（株）									
			药物浓度 512/102 μg/mL	药物浓度 256/51.2 μg/mL	药物浓度 128/25.6 μg/mL	药物浓度 64/12.8 μg/mL	药物浓度 32/6.4 μg/mL	药物浓度 16/3.2 μg/mL	药物浓度 8/1.6 μg/mL	药物浓度 4/0.8 μg/mL	药物浓度 2/0.4 μg/mL	药物浓度 1/0.2 μg/mL
磺胺甲噁唑/甲氧苄啶	362.943/69.593	953.971/144.478	8									

恩诺沙星、硫酸新霉素、甲砜霉素、氟苯尼考、盐酸多西环素、氟甲喹对其他气单胞菌（除嗜水气单胞菌和维氏气单胞菌）的 MIC_{90} 均介于0.18～2.3 μg/mL，病原菌表现出较强的敏感性。磺胺间甲氧嘧啶钠、磺胺甲噁唑/甲氧苄啶 MIC_{90} 均超过120 μg/mL，病原菌表现出较强耐药性。具体结果见表10至表12。

表10　其他气单胞菌对各药物的感受性分布（n=10）

供试药物	MIC_{50}（μg/mL）	MIC_{90}（μg/mL）	菌株数（株）											
			药物浓度 200 μg/mL	药物浓度 100 μg/mL	药物浓度 50 μg/mL	药物浓度 25 μg/mL	药物浓度 12.5 μg/mL	药物浓度 6.25 μg/mL	药物浓度 3.13 μg/mL	药物浓度 1.56 μg/mL	药物浓度 0.78 μg/mL	药物浓度 0.39 μg/mL	药物浓度 0.2 μg/mL	药物浓度 0.1 μg/mL
恩诺沙星	0.072	0.184										1	2	7
硫酸新霉素	1.027	1.769							1	7	2			
甲砜霉素	1.250	2.267							4	4	2			
氟苯尼考	0.904	1.685							2	3	5			

（续）

供试药物	MIC50 (μg/mL)	MIC90 (μg/mL)	菌株数（株）											
			药物浓度200 μg/mL	药物浓度100 μg/mL	药物浓度50 μg/mL	药物浓度25 μg/mL	药物浓度12.5 μg/mL	药物浓度6.25 μg/mL	药物浓度3.13 μg/mL	药物浓度1.56 μg/mL	药物浓度0.78 μg/mL	药物浓度0.39 μg/mL	药物浓度0.2 μg/mL	药物浓度0.1 μg/mL
盐酸多西环素	0.095	0.267										3	1	6
氟甲喹	0.04	0.267									1	1		8

表 11　其他气单胞菌对磺胺间甲氧嘧啶钠的感受性分布（*n*=10）

供试药物	MIC50 (μg/mL)	MIC90 (μg/mL)	菌株数（株）									
			药物浓度512 μg/mL	药物浓度256 μg/mL	药物浓度128 μg/mL	药物浓度64 μg/mL	药物浓度32 μg/mL	药物浓度16 μg/mL	药物浓度8 μg/mL	药物浓度4 μg/mL	药物浓度2 μg/mL	药物浓度1 μg/mL
磺胺间甲氧嘧啶钠	49.643	154.644	1		2	4	2	1				

表 12　其他气单胞菌对磺胺甲噁唑/甲氧苄啶的感受性分布（*n*=10）

供试药物	MIC50 (μg/mL)	MIC90 (μg/mL)	菌株数（株）									
			药物浓度512/102 μg/mL	药物浓度256/51.2 μg/mL	药物浓度128/25.6 μg/mL	药物浓度64/12.8 μg/mL	药物浓度32/6.4 μg/mL	药物浓度16/3.2 μg/mL	药物浓度8/1.6 μg/mL	药物浓度4/0.8 μg/mL	药物浓度2/0.4 μg/mL	药物浓度1/0.2 μg/mL
磺胺甲噁唑/甲氧苄啶	51.327/10.265	128.384/25.675		1	3	4	1	1				

维氏气单胞菌因菌株数量较少（只有 3 株），只统计各药物的 MIC 分布情况，不计算其 MIC_{50} 和 MIC_{90}。从结果分析看，恩诺沙星、硫酸新霉素、盐酸多西环素、氟甲喹 MIC 都分布在较低水平，处于 6.25 μg/mL 以下。磺胺间甲氧嘧啶钠、磺胺甲噁唑/甲氧苄啶 MIC 均处于较高水平，MIC≥32 μg/mL。具体结果见表 13 至表 15。

表 13　维氏气单胞菌对各药物的感受性分布（*n*=3）

供试药物	菌株数（株）											
	药物浓度200 μg/mL	药物浓度100 μg/mL	药物浓度50 μg/mL	药物浓度25 μg/mL	药物浓度12.5 μg/mL	药物浓度6.25 μg/mL	药物浓度3.13 μg/mL	药物浓度1.56 μg/mL	药物浓度0.78 μg/mL	药物浓度0.39 μg/mL	药物浓度0.2 μg/mL	药物浓度0.1 μg/mL
恩诺沙星									1			2
硫酸新霉素						1	1	1				
甲砜霉素		1						2				
氟苯尼考			1						2			

（续）

供试药物	菌株数（株）											
	药物浓度 200 μg/mL	药物浓度 100 μg/mL	药物浓度 50 μg/mL	药物浓度 25 μg/mL	药物浓度 12.5 μg/mL	药物浓度 6.25 μg/mL	药物浓度 3.13 μg/mL	药物浓度 1.56 μg/mL	药物浓度 0.78 μg/mL	药物浓度 0.39 μg/mL	药物浓度 0.2 μg/mL	药物浓度 0.1 μg/mL
盐酸多西环素							1				1	1
氟甲喹								1				2

表 14　维氏气单胞菌对磺胺间甲氧嘧啶钠的感受性分布（$n=3$）

供试药物	菌株数（株）									
	药物浓度 512 μg/mL	药物浓度 256 μg/mL	药物浓度 128 μg/mL	药物浓度 64 μg/mL	药物浓度 32 μg/mL	药物浓度 16 μg/mL	药物浓度 8 μg/mL	药物浓度 4 μg/mL	药物浓度 2 μg/mL	药物浓度 1 μg/mL
磺胺间甲氧嘧啶钠		2		1						

表 15　维氏气单胞菌对磺胺甲噁唑/甲氧苄啶的感受性分布（$n=3$）

供试药物	菌株数（株）									
	药物浓度 512/102.4 μg/mL	药物浓度 256/51.2 μg/mL	药物浓度 128/25.6 μg/mL	药物浓度 64/12.8 μg/mL	药物浓度 32/6.4 μg/mL	药物浓度 16/3.2 μg/mL	药物浓度 8/1.6 μg/mL	药物浓度 4/0.8 μg/mL	药物浓度 2/0.4 μg/mL	药物浓度 1/0.2 μg/mL
磺胺甲噁唑/甲氧苄啶			1		2					

（3）抗菌药物对不同病原菌的 MIC_{90} 比较分析

抗菌药物对不同病原菌的 MIC_{90} 比较分析如表 16 所示。

表 16　不同药物对不同病原菌的 MIC_{90} 比较

单位：μg/mL

供试药物	MIC_{90}		
	嗜水气单胞菌	假单胞菌	其他气单胞菌
恩诺沙星	0.201	0.357	0.184
硫酸新霉素	1.945	0.785	1.769
甲砜霉素	3.342	313.942	2.267
氟苯尼考	1.917	313.942	1.685
盐酸多西环素	3.996	0.712	0.267
氟甲喹	1.699	2.475	0.267
磺胺间甲氧嘧啶钠	243.669	953.971	154.644
磺胺甲噁唑/甲氧苄啶	317.774	953.971	128.384

注：磺胺甲噁唑/甲氧苄啶以磺胺甲噁唑的 MIC_{90} 计。

由图 1 分析可知，恩诺沙星、硫酸新霉素、甲砜霉素、氟苯尼考、盐酸多西环素、氟甲喹对气单胞菌属的 MIC_{90} 均处于较低水平，有良好的抑菌效果。恩诺沙星、硫酸新霉素、盐酸多西环素、氟甲喹对假单胞菌的 MIC_{90} 均处于较低水平，有良好的抑菌效果。甲砜霉素、氟苯尼考对假单胞菌的 MIC_{90} 均处于较高水平，抑菌效果差。磺胺类的两种药物对所有试验菌株的 MIC_{90} 均表现出很高的水平，抑菌效果最差。

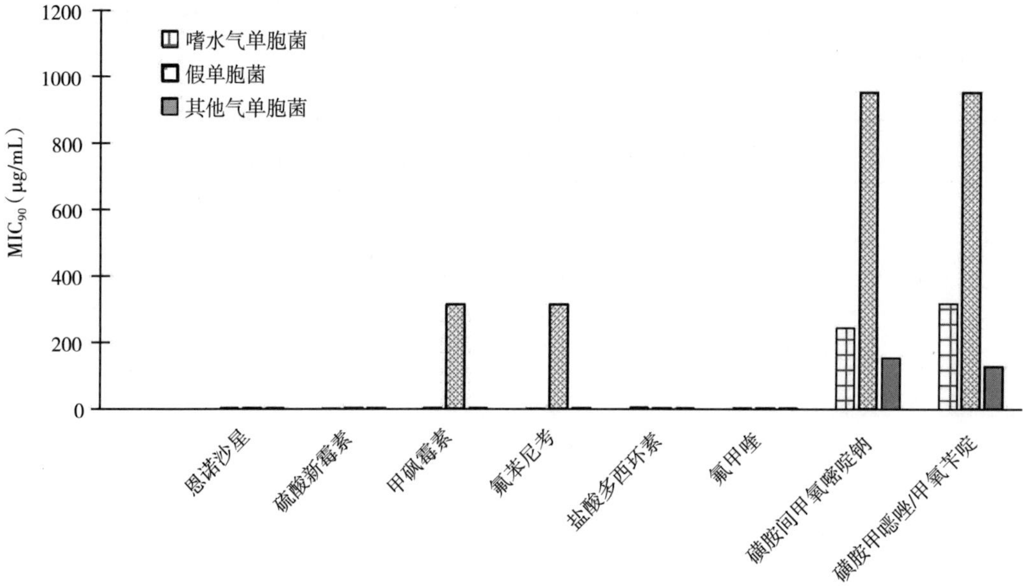

图 1 不同药物对不同病原菌的 MIC_{90}

（4）近几年病原菌耐药性变化情况分析

重庆市从 2018 年开始开展耐药性普查工作，现将 2018 年至 2020 年的耐药结果（抗菌药物对气单胞菌的 MIC_{90}）作对比分析。考虑到 2019 年之后的药敏试验板发生的改变和连续性的对比分析，2018 年的结果只对恩诺沙星、硫酸新霉素、甲砜霉素、氟苯尼考 4 种药物数据进行统计（表 17）。

表 17 2018—2020 年不同药物对气单胞菌的 MIC_{90}

单位：μg/mL

供试药物	MIC_{90}		
	2018 年	2019 年	2020 年
恩诺沙星	1.176	0.794	0.243
硫酸新霉素	1.807	6.464	2.1415
甲砜霉素	308.634	19.149	7.836
氟苯尼考	30.667	6.195	4.522
盐酸多西环素		7.830	1.215
氟甲喹		313.785	0.656
磺胺间甲氧嘧啶钠		58.46	212.867
磺胺甲噁唑/甲氧苄啶		21.276	164.378

注：磺胺甲噁唑/甲氧苄啶以磺胺甲噁唑的 MIC_{90} 计。

由图2、图3分析可知，恩诺沙星、硫酸新霉素、氟苯尼考、盐酸多西环素4种药物对气单胞菌的MIC_{90}波动变化范围最小，且保持在低水平，故气单胞菌对这4种药物表现出较强敏感性。2020年磺胺类的两种药物MIC_{90}较2019年有所提高，且变化幅度较大，气单胞菌对该类药物的耐药性增强。

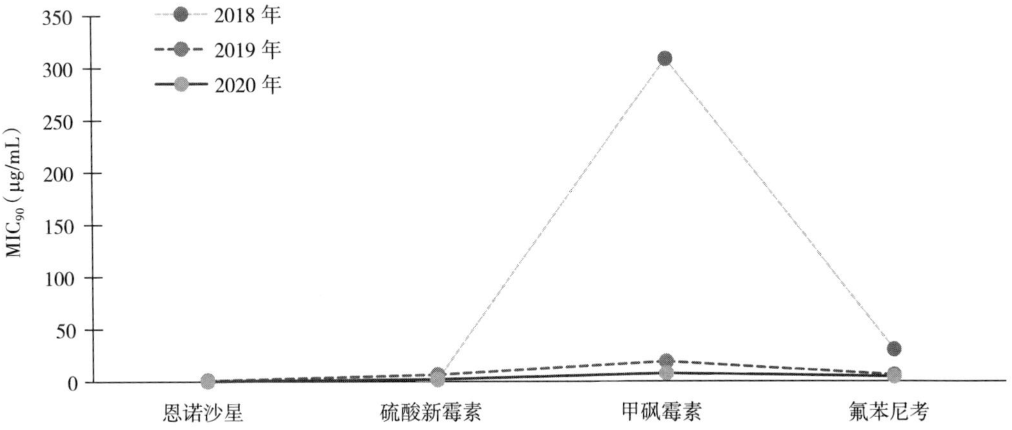

图2　2018—2020年不同药物对气单胞菌的MIC_{90}变化

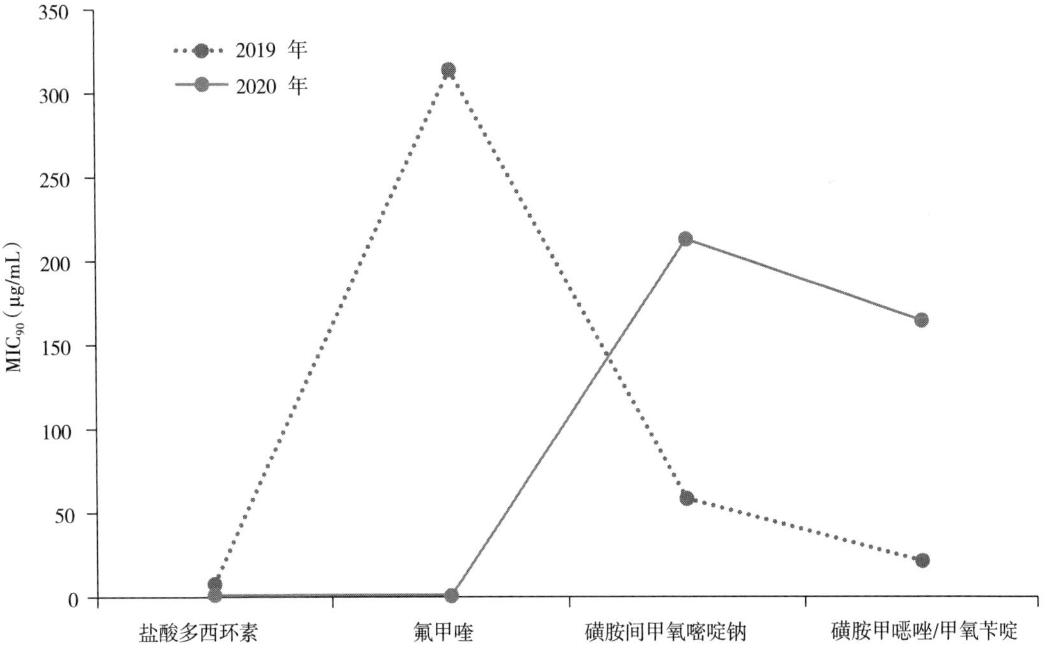

图3　2019—2020年不同药物对气单胞菌的MIC_{90}变化

三、分析与建议

总体分析，恩诺沙星、硫酸新霉素、氟苯尼考、盐酸多西环素、甲砜霉素对病原菌的抑制效果均较强，其中以恩诺沙星的表现效果最好且最稳定。

在防治淡水鱼类细菌性疾病时，应从“防”和“治”两个方面着手，其中“防”应该重点关注。及时对鱼塘进行清塘消毒处理，对渔具定期进行消毒处理，及时调节水质等，都是避免淡水鱼类细菌性疾病发生的措施，应不断加强渔民的防范意识，提高病害预测预报对渔民养殖的指导作用。另外，针对已经暴发淡水鱼类细菌性疾病的鱼塘，应规范渔民用药，可以从恩诺沙星、硫酸新霉素、氟苯尼考、盐酸多西环素、甲砜霉素中选择药物进行治疗，同时为避免病原菌耐药性的产生，可以交替使用药物，并且控制用药的浓度，避免一次提高至较高的使用浓度。

图书在版编目（CIP）数据

2020年全国水产养殖动物主要病原菌耐药性监测分析报告/全国水产技术推广总站组编．—北京：中国农业出版社，2021.9
ISBN 978-7-109-28653-5

Ⅰ．①2…　Ⅱ．①全…　Ⅲ．①水产动物－病原细菌－抗药性－研究报告－中国－2020　Ⅳ．①S941.42

中国版本图书馆CIP数据核字（2021）第156757号

2020年全国水产养殖动物主要病原菌耐药性监测分析报告
2020NIAN QUANGUO SHUICHAN YANGZHI DONGWU ZHUYAO BINGYUANJUN NAIYAOXING JIANCE FENXI BAOGAO

中国农业出版社出版
地址：北京市朝阳区麦子店街18号楼
邮编：100125
责任编辑：王金环
版式设计：王　晨　　责任校对：沙凯霖
印刷：中农印务有限公司
版次：2021年9月第1版
印次：2021年9月北京第1次印刷
发行：新华书店北京发行所
开本：787mm×1092mm　1/16
印张：8.75
字数：210千字
定价：48.00元